内蒙古黄河流域水权交易制度建设与实践研究丛书

主　编　王慧敏　赵　清

副主编　吴　强　石玉波　刘廷玺　阿尔斯楞

水权交易制度建设

陈金木　王俊杰　吴　强　等著

中国水利水电出版社
www.waterpub.com.cn
·北京·

内 容 提 要

本书系统梳理了内蒙古黄河流域水权交易制度沿革，运用制度评估方法对内蒙古黄河流域水权交易制度进行了评估，归纳了交易制度创新路径和内容，尝试构建了能够满足当前和今后一段时期需要的水权交易制度框架，阐述了交易制度建设重点，给出了相关对策建议。

本书综合运用法学、经济学、水资源管理学等多学科理论，对内蒙古黄河流域水权交易制度进行了深入剖析，具有针对性、前瞻性和较强的可借鉴性，可供从事水资源管理的水行政主管部门人员、专业技术人员，以及关心水权水市场建设的科研人员、职业技术及高等院校相关专业师生参考使用。

图书在版编目（CIP）数据

水权交易制度建设 / 陈金木等著. -- 北京 : 中国水利水电出版社, 2020.2
（内蒙古黄河流域水权交易制度建设与实践研究丛书）
ISBN 978-7-5170-8505-8

Ⅰ. ①水… Ⅱ. ①陈… Ⅲ. ①黄河流域－水资源管理－制度建设－研究－内蒙古 Ⅳ. ①TV213.4

中国版本图书馆CIP数据核字(2020)第058190号

书　　名	内蒙古黄河流域水权交易制度建设与实践研究丛书 **水权交易制度建设** SHUIQUAN JIAOYI ZHIDU JIANSHE
作　　者	陈金木　王俊杰　吴强　等　著
出版发行	中国水利水电出版社 （北京市海淀区玉渊潭南路1号D座　100038） 网址：www.waterpub.com.cn E-mail：sales@waterpub.com.cn 电话：(010) 68367658（营销中心）
经　　售	北京科水图书销售中心（零售） 电话：(010) 88383994、63202643、68545874 全国各地新华书店和相关出版物销售网点
排　　版	中国水利水电出版社微机排版中心
印　　刷	天津嘉恒印务有限公司
规　　格	170mm×240mm　16开本　13印张　259千字
版　　次	2020年2月第1版　2020年2月第1次印刷
印　　数	0001—6000册
定　　价	**60.00**元

《内蒙古黄河流域水权交易制度建设与实践研究丛书》编委会

本书编写人员

陈金木　王俊杰　吴　强　郑国楠　王霁霞
俞昊良　汪贻飞　李　政　王丽艳　蒋义行
王文光　刘晓旭

ZONGXU

总序

黄河流域水资源严重短缺，区域间、行业间用水矛盾突出，落实习近平总书记在黄河流域生态保护和高质量发展座谈会上的讲话精神，急需把水资源作为最大的刚性约束，加强生态保护，推动高质量发展。国务院通过“八七分水”方案确定了沿黄各省区的黄河可供水量，黄河水利委员会加强了黄河水资源统一调度和管理。在坚持黄河取用水总量控制的情况下，引入市场机制开展水权交易，是解决黄河流域水资源区域和行业间矛盾的重要出路。2000年，我在中国水利学会年会上作了题为《水权和水市场——谈实现水资源优化配置的经济手段》的学术报告，20年来我国水权水市场建设取得了积极成效，特别是内蒙古自治区运用水权水市场理论，以初始水权和总量控制为基石，探索出了一条具有黄河流域特色的水权改革创新之路。

总体上看，我认为内蒙古黄河流域水权交易探索有以下经验值得借鉴：一是“需求牵引，供给改革”，始终注重以经济社会发展对水权交易的需求为牵引，通过水资源供给侧结构性改革，一定程度上缓解了水资源供需矛盾；二是“控制总量，盘活存量”，在严格控制引黄取用水总量的前提下，盘活存量水资源，形成总量控制下的水权交易；三是“政府调控，市场运作”，既强调政府配置水资源的主导作用，又注重运用市场机制引导水资源向更高效率和效益的方向流动；四是“流域统筹，区域平衡”，既在流域层面统筹破解水资源供需矛盾，拓展了水资源配置的空间尺度，又在区域层面实现各相关主体的利益平衡，较好实现了多方共赢。

从2003年至今，内蒙古黄河流域水权交易探索取得了重要成效。目前内蒙古沿黄地区经济总量相比2003年已经翻了好几番，但黄河取用水总量不升反降，较好实现了以有限水资源支撑经济社会的不断发展和生态环境的逐步改善，这也印证了水权水市场理论的生命力。

作为全国水权试点省区之一，内蒙古自治区于2018年全面完成了试点目标和任务，通过了水利部和内蒙古自治区人民政府联合组织的行政验收。在水权试点工作顺利结束之后，下一步内蒙古自治区的水权水市场建设如何走？在这承前启后的关键阶段，有必要对已有的实践探索进行全面总结，并基于当前和今后一段时期水权改革的趋势和方向，进一步健全和完善水权交易制度。这对于深入贯彻落实习近平总书记新时代治水思路以及黄河流域生态保护和高质量发展座谈会重要讲话精神、进一步破解内蒙古黄河流域水资源瓶颈问题、支撑区域经济社会高质量发展和生态文明建设，具有重要和深远的意义。

《内蒙古黄河流域水权交易制度建设与实践研究丛书》共分3册，各有侧重，诠释了内蒙古黄河流域水权交易的“昨天、今天、明天”。其中，《水权交易实践与研究》侧重于实践维度，梳理了内蒙古黄河流域水权交易实践历程，探究了交易背后的内在需求和理论基础，评估了交易效益，归纳了交易实践创新内容，提出了今后的交易发展对策；《水权交易制度建设》侧重于制度维度，评估了内蒙古黄河流域水权交易制度，归纳了制度创新内容，构建了当前和今后一段时期制度建设框架，研究了制度建设重点；《节水技术与交易潜力》侧重于技术维度，评估了水权交易工程实施效果，归纳了节水技术创新内容，分析了水权交易市场潜力。

衷心祝愿有关各方能够以该丛书为新的起点，进一步谋划和深化水权水市场理论和制度创新，在更高的层次上实现生态文明建设和经济社会高质量发展的共赢。

水利部原部长： 汪恕诚

2020年1月

前言

制度变迁主要有强制性变迁和诱致性变迁两种。2003 年以来，内蒙古黄河流域开始在水资源配置领域引入市场机制，启动水权交易探索和制度创新。从根源看，内蒙古黄河流域水权交易制度的创新及其发展，既有国家层面政策引导的因素，但更主要的是流域内经济社会发展用水需求旺盛与水资源供给不足之间的矛盾所蕴含的内生动力。就此而言，内蒙古黄河流域水权交易不是“要我交易”，而是“我要交易”，是在水资源供需矛盾较为尖锐背景下“逼出来的交易”，因而其制度变迁大致可归类于诱致性变迁。

按照路径依赖理论，制度的历史语境与逻辑起点，往往制约着制度变迁的选择，当制度变迁走上了某一条路径，它的既定方向会在以后的发展中得到自我强化。这对于内蒙古黄河流域水权交易制度而言也是如此。十几年来，内蒙古黄河流域水权交易探索的深度和广度不断拓展，目前已经从盟市内水权转换扩大到盟市间水权转让，并逐步扩大到市场化交易，但其背后的基本路径一直非常清晰而且鲜明，这就是“投资节水，转让水权”，亦即通过对灌区投资节水，然后将节约出的水指标转让给工业企业；转让后出现闲置的，还可以收储后再次转让。这样的路径，使内蒙古黄河流域水权交易制度建设能够得到有关各方认可并逐步深入，较好处理了改革与发展、稳定的关系。

也要看到，内蒙古黄河流域水权交易制度建设具有很强的复杂性和阶段性特征。受水资源特性和黄河流域水情所决定，开展水权交易制度建设本身非常复杂。水资源具有流动性、不确定性、多功能性、利害双重性等特征，黄河流域水资源还具有非常紧缺、供需矛盾大、各行业用水竞争激烈等特征，内蒙古黄河流域水权交易制度建设不仅需要统筹上下游、左右岸不同地区以及农业、工业、生活等不同用水行业之间的关系，更要适应水资源年际年内变化进行防洪抗旱和调度协调，涉及多种主体之间的利益关系调整，非常复杂，难度很大。目前的法律法规对水权的规定较少，难以为水权确权和交易提供充分依据，有些规定甚至对水权水市场建设形成一定障碍，加上计量监控等水资源管理基础比较薄弱，这都增加了内蒙古黄河流域水权交易制度建设的复杂性。在这样的大背景下，内蒙古黄河流域水权交易探索不可避免地具有阶段性特征。也就是说，虽然内蒙古黄河流域水权交易制度建设已经在全国比较领先，在实践中也取得了积极成效，但总体上还不够完善，尚需要在实践中进一步扩大水权交易探索的广度和深度，进而在实践的基础上进一步健全和完善。当然，受制于“物权的种类和内容由法律规定”的物权法定原则，有些制度建设还需要在国家法律法规层面加以统筹解决。

作为《内蒙古黄河流域水权交易制度建设与实践研究丛书》之一，本书第一章从盟市内水权交易、盟市间水权交易、市场化水权交易三个阶段，对内蒙古黄河流域水权交易制度沿革作了系统梳理；第二章在构建制度评估方法的基础上，从交易主体、可交易水权、交易平台以及交易程序、交易价格、交易期限、交易监管、第三方及公共利益影响与补偿等方面，对内蒙古黄河流域水权交易制度进行了全面评估，给出了评估结论；第三章运用马克思主义经济学和制度经济学的基本原理，对内蒙古黄河流域水权交易制度创新的诱因、实现路径以及亮点和经验进行了归纳提炼；第四章基于水权确权与交易基础理论，构建了较为理想全面的内蒙古黄河流域水权交易制度框架；第五章对水权确权、水权收储与交易、交易价格形成机制、交易监管、第三方影响和利益补偿、交易风险防控等当前和今后一段时期内蒙古黄河流域水权交易制度需要重点健全和完善的制度进行了深入分析论证；第六章给出了相关的对策建议。

本书的写作是众人努力的结果，也是众人智慧的结晶。在丛书编委会主任王慧敏、赵清和副主任吴强、石玉波、刘廷玺、阿尔斯楞的统筹安排下，陈金木、王俊杰、吴强、郑国楠、王霁霞、俞昊良、汪贻飞、李政、王丽艳、蒋义行、王云光、刘晓旭等共同完成了本书的撰写。

限于作者水平，书中存在许多不完善之处，恳请广大读者批评指正。

作　者

2020年1月

MULU

目录

第一章　内蒙古黄河流域水权交易制度沿革

2003年以来，内蒙古黄河流域水权交易实践和制度建设先后经历了盟市内水权交易、盟市间水权交易和市场化水权交易三个阶段。十多年来，内蒙古黄河流域水权交易制度不断健全，为当地水权交易实践探索提供了有力支撑。本章分别对内蒙古黄河流域三个阶段水权交易的背景、做法和出台的制度文件等进行系统归纳与总结，力求反映出当地水权交易制度演化历程，为开展后续的制度评估奠定基础。

一、盟市内水权交易阶段

（一）交易背景

2000年以来，随着我国改革开放和西部大开发战略的实施，内蒙古黄河流域经济社会快速发展，取用黄河水量也迅速增加。内蒙古黄河流域煤炭资源丰富，当地主要产煤区依托煤炭资源优势和国家宏观经济发展的战略布局进行招商引资，并制定了相关优惠政策，围绕资源开发、转化和深加工的大量工业项目纷纷要求上马。但是，该地区的水资源特点是自产水资源量少，主要依赖过境黄河水支持经济社会的发展。根据黄河用水统计和黄河取水许可审批情况，内蒙古自治区的黄河用水指标已经用完，且一直处于超指标用水，黄河水资源的开发利用现状已不再允许新增黄河用水指标。规划的鄂尔多斯能源重化工基地等项目，由于没有用水指标而无法立项建设，水资源问题成为制约当地经济发展的突出瓶颈。

内蒙古自治区是黄河流域传统的灌溉农业区，在历史上重视农业灌溉水资源配置的背景下，农业灌溉配置的初始水权比重过大，导致了现状用水结构与经济社会发展严重不协调。引黄灌区灌排工程老化失修严重，渠道砌护率低，渠系渗漏严重，灌溉水利用系数仅为0.4左右，再加上田间灌溉定额偏大，导致农业灌溉用水比例高达90%～96%，其中约60%的水量在输水环节白白浪费。农业灌区节水潜力虽然巨大，但是农业节水灌溉工程所需的资金量巨大，依靠现有财政投入难以支撑如此巨大的投资，资金短缺成为农业节水最重要的制约因素。

一方面是工业发展用水紧张，有用水需求却无用水指标；另一方面是农业用水大量浪费，需要节水却缺乏投资。如何在两者之间搭建一座桥梁，充分发挥市场机制的作用，实现水资源的优化配置，是解决问题的关键所在。在水权理论的启示下，针对引黄灌区灌排工程老化失修严重、渠道砌护率低、渠系渗漏严重、渠系水利用系数低、田间灌溉定额偏大、农业用水浪费、节水潜力巨大的实际情况，内蒙古自治区提出了由需水项目方投资农业节水工程，把灌溉过程中渗漏蒸发的无效水量节约下来，将投资购买到的水权，转移到拟建能源项目的工业用水上来，由此形成了“投资节水、转让水权”的新思路。

2002年年底，内蒙古自治区水行政主管部门与黄河水利委员会共同协商，密切配合，创新思维，积极探索，提出让建设项目业主出资对引黄灌区进行节水工程改造，将灌区节约的水量指标有偿转让给工业建设项目使用，通过水权转让方式，获得黄河取水指标。2003年4月1日，黄河水利委员会印发了《关于在内蒙古自治区开展黄河取水权转换试点工作的批复》，同意在内蒙古自治区开展黄河干流水权转换试点，通过对杭锦灌域节水改造，把节约的水量有偿转让给达拉特电厂四期工程用水。至此“投资节水、转让水权”这一运用水权理论实施水资源优化配置的新思路在破解水资源短缺的困境中开始落地。

（二）主要交易做法

盟市内水权交易是以地方人民政府为主导进行的，主要是由政府组织工业项目投资，对盟市内的灌区开展节水工程改造，获得节余水量的使用权。主要开展的工作有以下方面：

1. 开展水量分配

在开展黄河干流水权转换工作时，内蒙古自治区根据1987年国务院《黄河可供水量分配方案》，以黄河水利委员会历年来批准发证、内蒙古自治区人民政府2000年2号文件和内蒙古自治区水利厅分配给沿黄泵站的指标为基础，本着尊重历史、照顾现状和考虑未来的原则，经过近半年的方案比较和沟通协调，内蒙古自治区人民政府于2004年11月正式下发了《关于分配黄河水初始水权量有关事宜的通知》（内政字〔2004〕379号），将58.6亿m^3引黄指标分配到沿黄6个盟市，并要求各地再逐级分解到各用水户。例如，2005年9月，杭锦旗人民政府办公室制定并下发了《杭锦旗人民政府办公室印发内蒙古杭锦旗黄河南岸自流灌区水权转换框架下灌区水资源配置实施方案的通知》，在杭锦旗黄河南岸灌区，按照“总量控制、定额管理”的原则，将初始水权具体明晰至斗渠（用水者协会）。这些水量分配的基础工作，为开展水权交易奠定了基础。

2. 编制转让规划

内蒙古自治区在明晰初始水权的基础上，组织编制了《内蒙古自治区黄河

水权转换总体规划报告》，并于2005年4月由黄河水利委员会正式批复。此规划提出灌区节水潜力主要包括工程节水、种植结构调整和管理运行节水、技术节水等方面，确定了引黄灌区的节水量以及各灌区近期、远期可转让水量。这为科学开展水权转让提供了技术支撑和基础。

3. 开展灌区节水

内蒙古水权交易的关键是实施节水工程，真正把水节约出来。通过渠道砌护等节水工程，整修引黄灌区灌排设施，把灌溉过程中渗漏蒸发的无效水量节约下来。在实际操作过程中，当地水行政主管部门一方面推进节水改造工程建设，实施用水总量控制，开展工程验收和节水效果的监测和后评估工作，确保节水工程的实效；另一方面，把水价改革、灌区管理体制改革和水权转让工作同步推进，实行"局管理到斗渠，协会管理用水户"的专群结合的管理模式，清晰界定灌区管理机构的权利和责任，规范了管理行为。与此同时，还建立起了用水者协会制度、定额管理制度等与节水相关的制度措施。

4. 政府加强组织协调和监督引导

水权交易市场是准市场，需要政府加强组织协调和监督引导。在组织协调方面，政府作为协调主体，合理平衡作为卖方的灌区和作为买方的需水企业的利益诉求和关系，并组织灌区节水工程的实施。2005年之后，政府打破了水权转让中企业对灌区"点对点"节水工程建设模式，实行政府统一配置节水改造所节余的水权，综合考虑工业项目的核准进度、资金到位情况与项目需求、节水工程节水量，重新对应水权转换的受让方与节水改造工程。

在加强监督引导方面，主要采取了五条措施：①坚持把总量控制、不增加用水总量作为水权交易的基本原则；②强化水权转让总体规划、水权转让节水工程可行性研究和建设项目水资源论证等基础性工作；③切实维护农民和第三方利益，实施利益补偿机制；④组织需水工业新增项目审核和筛选，严格把控需水企业的资格，严把审批关，实施用水定额管理；⑤严格资金管理，确保水权转换资金全部用于农业灌溉节水工程。如鄂尔多斯市政府要求水权转换的工业项目将50%的资金打入专用账户，作为水权转换节水工程建设的周转金，保证水权转换的施工进度和前期工作。实践证明，这五条措施对正确引导、保证试点工作顺利进行发挥了极其重要的作用。

5. 确定交易价格和期限

根据2004年《水利部关于内蒙古宁夏黄河干流水权转换试点工作的指导意见》和黄河水利委员会《黄河水权转换管理实施办法（试行）》的规定，水权转让总费用应该包括水权转让成本和合理收益。具体要综合考虑保障持续获得水权的工程建设成本与运行成本以及必要的经济利益补偿和生态补偿，并结合当地水资源供给情况、水权转让期限等合理确定。2004年内蒙古自治区人民政府批转的自治区水利厅《关于黄河干流水权转换实施意见（试行）》中，水权转让价格包括节水工程建设费用和节水工程运行维护费。具体实践过程中，交易初期“点对点”阶段单方水交易价格为4.30～6.76元。自2007年开始，“点对面”阶段单方水交易价格为6.18元，二期水权交易工程单方水交易价格达到17.04元。

对于水权转让的期限，内蒙古自治区综合考虑了节水工程设施的使用年限和受水工程设施的运行年限，兼顾供求双方的利益，确定了内蒙古黄河流域水权转让的期限一般为25年。

（三）主要制度文件

2003—2013年开展的盟市内水权交易是实践催生制度建设，制度不断完善指导实践的过程。基于内蒙古黄河流域水权交易的现实需求，水利部于2004年、2005年先后印发了《水利部关于内蒙古宁夏黄河干流水权转换试点工作的指导意见》《水利部关于水权转让的若干意见》，黄河水利委员会于2004年、2009年分别发布了《黄河水权转让管理实施办法（试行）》《黄河水权转让管理实施办法》。2004年，内蒙古自治区人民政府正式批转了自治区水利厅制定的《关于黄河干流水权转换实施意见（试行）》。这些文件为盟市内水权转换的开展奠定了制度基础。

1.《水利部关于内蒙古宁夏黄河干流水权转换试点工作的指导意见》

《水利部关于内蒙古宁夏黄河干流水权转换试点工作的指导意见》是水利部在治水新思路以及水权、水市场理论的指导下，总结内蒙古、宁夏地区2003年以来开展的水权转换试点工作的基础上，对宁蒙地区进一步开展水权转换工作所作出的制度安排。《水利部关于内蒙古宁夏黄河干流水权转换试点工作的指导意见》在明确宁蒙水权转换工作的指导思想和基本原则的基础上，主要对以下关键事宜作了规定：

（1）规定了水权转换的界定、范围和出让主体。明确了水权是指依法取得的取水权，水权转换的出让方必须是取得取水权，并通过工程节水措施可以拥有节余水量的取水权人。

（2）原则规定了水权转换的期限。需要综合考虑节水工程设施的使用年限和受水工程设施的运行年限，兼顾供求双方的利益，合理确定水权转换期限，期满后受让方需要继续取水的，应重新办理转换手续，受让方不再取水的，水权返还出让方，并由出让方办理相应的取水许可手续。

（3）规定了水权转换的价格。规定水权转换总费用包括水权转换成本和合理收益。水权转换总费用要综合考虑保障持续获得水权的工程建设成本与运行成本以及必要的经济利益补偿与生态补偿，并结合当地水资源供给状况、水权

转换期限等因素合理确定。涉及节水改造工程的水权转换，其转换总费用应涵盖节水工程建设费用、节水工程的运行维护费、节水工程的更新改造费用、因不同用水保证率而带来的风险补偿费用、必要的经济利益补偿和生态补偿费用等。

（4）规定了水权转换的程序。对交易双方提出书面申请、申请初审、提出初审意见和全面审查、公示和批复、签约和履约等相关程序进行了规定，并对涉及节水改造工程的水权转换项目的相关程序要求进行了规定。

《水利部关于内蒙古宁夏黄河干流水权转换试点工作的指导意见》填补了内蒙古黄河流域水权交易制度的空白。依据《水利部关于内蒙古宁夏黄河干流水权转换试点工作的指导意见》，2005 年 9 月，鄂尔多斯市政府组织水权转换的鄂绒硅电联产项目水权转换节水工程完工并投入运行，共完成鄂托克旗、杭锦旗黄河南岸 42km 干渠衬砌节水改造工程，完成投资 8044.72 万元，全部由鄂尔多斯电力冶金股份有限公司承担，交易水量 1880 万 m^3。2006 年 11 月，该项目通过黄河水利委员会核验。

2.《水利部关于水权转让的若干意见》

《水利部关于水权转让的若干意见》是水利部 2005 年发布的指导全国水权转让工作规范开展的文件，也为内蒙古自治区水权转让工作提供了指导。《水利部关于水权转让的若干意见》在明确水权转让基本原则的基础上，对以下事宜进行了规定：

（1）规定了五种水权转让限制范围。对超出本区域或流域水资源可利用量的、地下水超采区、生态用水、对公共利益以及生态环境或第三者利益可能造成影响的、向国家限制发展的产业用水户转让的等不允许转让的五种情形进行了规定。

（2）对水权转让费用进行了原则规定。提出了运用市场机制定价的原则，并提出水权转让费的确定应考虑相关工程的建设、更新改造和运行维护，提高供水保障率的成本补偿，生态环境和第三方利益的补偿，转让年限，供水工程水价以及相关费用等多种因素，其最低限额不低于对占用的等量水源和相关工程设施进行等效替代的费用。

（3）对水权转让年限进行了规定。水行政主管部门或流域管理机构要根据水资源管理和配置的要求，综合考虑与水权转让相关的水工程使用年限和需水项目的使用年限，兼顾供求双方利益，对水权转让的年限提出要求，并依据取水许可管理的有关规定，进行审查复核。

（4）对水权转让提出了监督管理要求。对水行政主管部门和流域管理机构的监督管理提出要求，特别是涉及公共利益以及第三方利益的公告、听证要求，并明确对有多个受让申请的转让，可以组织招标、拍卖等。

3.《黄河水权转让管理实施办法》

为优化配置、高效利用黄河水资源，规范黄河水权转换行为，2004年黄河水利委员会制定出台了《黄河水权转换管理实施办法（试行）》。盟市内水权交易开展一段时间之后，黄河水利委员会根据国家法律法规的有关规定、《水利部关于内蒙古宁夏黄河干流水权转换试点工作的指导意见》以及实践中出现的新问题新情况等，于2009年制定出台了《黄河水权转让管理实施办法》。其主要内容包括以下几方面：

（1）对需要开展水权交易的三种情形进行了规定。包括超指标用黄河水的省区、无余留取水许可水量指标的省区、无余留水量指标的市（地、盟）区等三种地区需要新增项目用水的。

（2）规定实施水权转让的省区应编制黄河水权转让总体规划。包括规划的主要内容、编制和审批，以及规划的作用。

（3）对出让方和受让方的资格予以规定。

（4）规定了水权转让审批权限与程序。包括交易申请与审批的主体、时限，以及交易协议的主要内容等。

（5）对水权转让技术文件的编制提出要求。包括农业节水要求、工业节水要求、建设项目水资源论证报告要求，特别对水权转让项目水资源论证报告书编制单位资质和内容提出了要求。

（6）规定了水权转让期限与费用。明确了黄河水权转让期限原则上不超过25年。水权转让总费用应该包括节水工程建设费用、运行维护费用、更新改造费用，以及工业供水因保证率较高致使农业损失的补偿费用，必要的经济利益补偿和生态补偿费用等共六项。

（7）对水权转让的组织实施和监督管理作出规定。包括节水工程与需水项目一一对应的关系，保证金的收取与返还，节水项目的组织实施，水权转让的监督检查等。

（8）规定了水权转让过程中违规违法行为的处罚措施。包括暂停或取消水权转让的情形，暂停水权项目的受理和审批的情形等。

4.《内蒙古自治区人民政府批转自治区水利厅关于黄河干流水权转换实施意见（试行）的通知》

2004年年底，内蒙古自治区水利厅（以下简称“自治区水利厅”）为规范和推进黄河干流水权转换工作，根据《水利部关于内蒙古宁夏黄河干流水权转换试点工作的指导意见》和黄河水利委员会《黄河水权转换管理实施办法（试行）》，结合内蒙古自治区黄河水资源开发利用的实际，制定了《关于黄河干流水权转换实施意见（试行）》，并由内蒙古自治区人民政府进行了批转。《关于黄河干流水权转换实施意见（试行）》明确了开展黄河干流水权转换的

一些关键要素和环节：

（1）水权转换应具备的基本条件。直接从黄河干流取用水资源的单位和个人，要实施取水许可管理，依法获得取水权。实施水权转换的出让方与受让方要符合规定的条件。

（2）水权转换的审批与实施。明确了水权转换双方要向自治区水利厅提出书面申请及要提交的材料，实施水权转换的流程及签署协议构成的要素。

（3）明确了实施水权转换的期限及费用。水权转换期限原则不超过25年，水权转换费用包括节水工程建设费用、运行维护费用、更新改造费用等。

（4）对组织实施和监督管理提出了要求。提出要成立水权转换工作领导小组，明确了自治区水利厅、盟市水行政主管部门、工程项目法人、黄河水利委员会等负责的工作。

二、盟市间水权交易阶段

（一）交易背景

随着内蒙古经济社会的发展和京津冀地区对清洁能源需求的加大，工业项目需水量大幅度增加。据统计，仅鄂尔多斯市因无用水指标而无法开展前期工作的项目有100多个，需水量达5亿m^3左右。通过多年盟市内水权转换试点工作，除河套灌区以外，其他灌区的节水潜力已经不大。河套灌区引黄用水量占全区引黄用水总量的80%左右，其灌溉水利用系数不足0.40，用水浪费严重，节水潜力巨大。党的十八大报告提出“积极开展水权交易试点”，《国务院关于进一步促进内蒙古经济社会又好又快发展的若干意见》（国发〔2011〕21号）明确提出“加快水权转换和交易制度建设，在内蒙古自治区开展跨行政区域水权交易试点”。同时盟市间水权转让也是落实最严格水资源管理制度的重要内容，可为内蒙古自治区经济社会可持续发展提供水资源支撑和保障。在水利部和黄河水利委员会的大力支持下，内蒙古自治区在原有盟市内水权转换的基础上，开展了盟市间水权转让工作。盟市间水权转换工程分三期实施，三期试点工程完成后可转让水量3.6亿m^3，减少超用水而挤占黄河生态水约6亿m^3。

在此期间，为继续深化灌区水利改革，逐步建立健全水权制度，明确用水权归属，建立完善引黄用水总量控制、定额管理制度，实现黄河水资源合理配置，促进计划用水和节约用水，提高农业用水效率，根据《国务院关于实行最严格水资源管理制度的意见》《水利部关于开展水权试点工作的通知》《内蒙古自治区人民政府关于分配黄河水初始水权量有关事宜的通知》《内蒙古自治区盟市间黄河干流水权转让试点实施意见（试行）》《巴彦淖尔市黄河水资源县级初始水权分配方案》等文件精神，以及自治区水利厅的要求，内蒙古河套灌区管理总局结合乌兰布和灌域沈乌干渠盟市间水权转让项目的实施，在乌兰布和灌域沈乌干渠试点地区开展引黄用水水权确权登记与用水指标细化分配工作。

（二）主要交易做法

2013年后开展的盟市间水权交易，是由建设项目业主单位对河套灌区农业节水改造工程进行投资建设，而后将节水工程节约的水权指标再有偿转让给新增的工业建设项目。节约的水指标，实施政府统筹配置和水行政主管部门动态管理，逐步实现水资源从政府配置向市场化运作的转变。主要开展的工作如下。

1. 成立水权交易平台

2013年以前，内蒙古自治区取用水指标的配置和交易主要是以政府为主导，市场在资源配置中处于从属的地位。为了进一步发挥市场在水资源配置中的重要作用，经内蒙古自治区人民政府同意，2013年成立了内蒙古水权交易平台——内蒙古自治区水权收储转让中心有限公司（以下简称“自治区水权收储转让中心”），注册资本1000万元人民币，出资方式全部为货币，出资人为内蒙古水务投资集团有限公司（以下简称“内蒙古水务投资集团”），是国有独资公司。其业务范围包括：主营内蒙古自治区内盟市间水权收储转让；行业、企业节余水权和节水改造节余水权收储转让；投资实施节水项目并对节约水权收储转让；新开发水源（包括再生水）收储转让；水权收储转让项目咨询、评估和建设；国家和流域机构赋予的其他水权收储转让等。配套水权收储转让咨询、非常规水资源收储、技术评价、信息发布、中介服务和咨询服务等业务。依托这一交易平台，内蒙古自治区的水权交易进入更加规范有效的新时期。

2. 实施灌区节水工程

内蒙古黄河干流水权盟市间转让试点工程主要完成防渗衬砌渠道520条，衬砌总长度893.804km；新建及改建渠系建筑物13651座；改造畦田面积65.40万亩；整治田间工程渠道3786.58km；新建小型建筑物26827座；整治道路1947.14km；实施滴灌面积12.76万亩；新建田口闸673272座；新建管理房10座，面积2512m^2。同时，在试点过程中由发改、财政、水利、国土、农业综合开发等其他项目资金完成衬砌渠道236条，长度共计为540.51km。经审计核验，认定试点工程完成总投资158641.12万元（含跟踪评估监测费1000万元），其中骨干工程111549.36万元、田间工程46091.76万元。工程综合节水能力为25233万m^3，与可研批复的规划节水量23489万m^{3}相比，灌域总体节水能力超出规划节水目标1744万m^3，超出率为7.42%。待全部工程

正式运行，减超后可实现转让水量 1.2 亿 m^3。

3. 组织开展盟市间水权交易

2013 年 11 月，黄河水利委员会对自治区水利厅报送的《内蒙古黄河干流水权盟市间转让河套灌区沈乌灌域试点工程可行性研究报告》组织了审查和复审。2014 年 4 月，黄河水利委员会批复了该报告。批复沈乌灌域设计总灌溉面积为 87.166 万亩，灌区实施节水改造后，节水量为 14400 万 m^3，按照农业向工业转让不同保证率的换算，盟市间可转让给工业的水权指标为 12000 万 m^3，压超水量为 9089 万 m^3。经内蒙古自治区人民政府同意，1.2 亿 m^3 转让水量指标已分配给有关地区。其中，鄂尔多斯市 0.7 亿 m^3，乌海市、阿拉善盟各 0.25 亿 m^3。后又经内蒙古自治区主席办公会议决定，鄂尔多斯市暂借乌海市 0.25 亿 m^3 和阿拉善盟 0.2 亿 m^3 水指标。乌海市和阿拉善盟将水指标分配给了北京控股集团有限公司、河北建投能源投资股份有限公司、中国海洋石油集团有限公司、新蒙能源投资股份有限公司 4 个煤制气项目和鄂尔多斯煤电基地等。自治区水权收储转让中心与 7 家用水企业及鄂尔多斯市发展和改革委签订了《内蒙古黄河干流水权盟市间转让合同书》（能源基地打捆签订协议，待具体项目确定后再另签）。盟市间水权转让一期工程单方水转让价格为 15 元，期限是 25 年。

为了有效推进盟市间水权转让工作，2014 年，内蒙古自治区人民政府批转了自治区水利厅制定的《内蒙古自治区盟市间黄河干流水权转让试点实施意见（试行）》，该文件对盟市间水权转让的原则、总体目标、实施主体、责任分工以及资金管理等均予以明确。巴彦淖尔市印发了《关于促进河套灌区农业节水的实施意见》，积极支持盟市间水权转让工作。2014 年 12 月，水利部、内蒙古自治区人民政府联合批复了《内蒙古自治区水权试点方案》，将内蒙古自治区作为国家水权试点省份之一，在巴彦淖尔市与鄂尔多斯市、阿拉善盟之间开展盟市间水权转让工作。

按照政府主导、市场运作、水行政主管部门动态管理的原则，2014 年 12 月至 2018 年 6 月，自治区水权收储转让中心与内蒙古河套灌区管理总局分别与 75 家用水企业陆续签订了水权转让合同，涉及鄂尔多斯市、阿拉善盟和乌海市。

4. 强化节水计量监测和监督管理

2016 年，根据试点工程信息化建设设计批复，内蒙古河套灌区管理总局认真组织完成了试点灌域水情采集、视频采集、墒情采集、自动测流、气象、地下水水位监测和信息网络传输系统，以及内蒙古河套灌区管理总局水利信息化管理平台升级改造的建设任务，形成初步完善的灌区水利信息化网络系统；建立了跨盟市水权转让监测系统数据中心，初步实现灌域用水及监测数据与灌域管理部门和交易平台资源共享。同时积极做好试点工程节水效果跟踪评估。投资1000万元，委托黄河水利科学研究院引黄灌溉工程技术研究中心、内蒙古自治区水利科学研究院和内蒙古农业大学组成第三方评估小组，对试点项目进行监测跟踪评估。从2015年开始对河套灌区沈乌灌域的引排水、生态环境、用水户用水情况和灌域管理单位运行管理情况等进行持续跟踪监测、分析和评价，并按照《黄河水权转让管理实施办法》向自治区水利厅和黄河水利委员会提供了节水工程节水效果和监测评价报告。

5. 开展灌区内农业用水确权

（1）确权目的。以建设“归属清晰、权责明确、合理配置、监管有效”的水权制度体系为目标，明晰引黄水资源管理权与使用权，探索开展多种形式的水权交易流转，进一步延伸水资源优化配置与管理，最终确权管理到终端用水户。

（2）确权范围。沈乌灌域范围主要涉及3个旗县，即巴彦淖尔市的磴口县、杭锦后旗和阿拉善盟的阿左旗，总土地面积279万亩。此次确权主要考虑引黄灌溉用水水权确权登记与用水指标细化分配，确权范围是在沈乌灌域内以国管（干渠、分干渠）渠道上开口的直口渠为单元，将水权水量细化到乡镇（苏木）、村和农牧场（分场）、终端用水户。

确权的水权指标为黄河地表水资源，且主要考虑引黄灌溉用水水权确权登记与用水指标细化分配，地下水资源及非常规水资源（城市中水、矿井疏干水等）不作分配。

此次确权以2012年为基准年，确权范围为2012年在国管渠道上开口的直口渠控制灌溉范围。

（3）确权主体。农业用水的确权主体是沈乌灌域涉及的巴彦淖尔市磴口县、杭锦后旗和阿拉善盟阿左旗3个县（旗）人民政府，由县（旗）人民政府授权磴口县、杭锦后旗和阿左旗水务局具体实施确权登记工作。

（4）确权登记对象。根据所属行政区域的农业人口、土地确权面积、灌溉用水量等基本信息，确权登记对象为沈乌灌域内利用灌域供水系统进行灌溉的用水户，包括村组、农牧场（分场）、农民用水者协会、农业经营大户、终端用水户等。

（5）水权凭证期限。灌区内用水户的水权凭证期限原则上要与灌区管理单位或水源管理单位持有的取水许可证有效期相一致。

水权凭证期限有效期为5年，如水权凭证期限到期想要延续，取用水户要在水权凭证期限到期前的45天内，提出水权凭证延续的申请，由具有管理权限的县级以上水行政主管部门决定是否予以延续。

对于通过水权交易取得的水权，其期限要综合考虑区域经济社会发展、用水总量控制指标、产业生命周期、水利工程使用期限等合理确定；到期后，具有管理权限的县级以上水行政主管部门要组织有关部门进行综合评估，确定是

否予以延续。

(6) 权利与义务。

1) 权利。水权人享有依法用水和有偿转让、交易的权利；对通过水权转让交易重新取得的用水权，经县级水行政主管部门审核后，重新确权登记。

2) 义务。水权人必须接受县级以上水行政主管部门的监督管理。水权人必须按照水权凭证载明的事项取用水，按照排放水质标准退水；服从年度计划用水管理要求，年度计划用水额度即为取用水户当年的用水权。严格执行河套灌区水权细化分配与年度用水指标管理办法；如遇特殊情况，县级以上水行政主管部门可以依法对水权人取用水量予以限制，水权人必须服从。按照国家和内蒙古自治区的有关规定，要依法缴纳水资源费。供水单位不得向未经批准的供水对象提供供水服务。转让水权必须经过具有管理权限的县级以上水行政主管部门批准等。

(7) 水权确权登记与发证。

1) 确权形式。根据河套灌区实际用水及管理情况，此次试点地区采用以国管直口渠为单元确定引黄水资源管理权，以用水户为单位确定引黄水资源使用权的确权登记，并向确权对象发放用水权属凭证，即《引黄水资源管理权证书》和《引黄水资源使用权证书》。

发放水权凭证应当载明相关信息。其中，《引黄水资源使用权证》载明用户名称、可使用的水资源量（包括多年平均来水情况下最大允许年用水量和年内丰增枯减水量）、水源类型、水源地点、取用水方式、具体用途、权属凭证期限等；如需退水的，还需载明退水地点、退水量、退水方式、退水水质等。

2) 登记形式。试点期间，根据实际情况，进行纸质和电子确权登记，同时，建立本区域的确权登记数据库，并及时将数据资料逐级传送到巴彦淖尔市水务局；在推广和全面实施期间，按照自治区水利厅的具体要求进行水权确权登记，建立全区统一的水权确权登记数据库。

发证机关：《引黄水资源使用权证》由所属旗（县、区）人民政府委托旗（县、区）水务局颁发。《引黄水资源管理权证》由灌区管理单位颁发。

(8) 发证对象。《引黄水资源使用权证》的发放对象为终端用水权人，即包含乡镇、村组、农牧场（分场）、农业经营大户、终端用水户等确权对象。《引黄水资源管理权证》发放对象为直口渠群管组织或农民用水者协会。对于一个确权对象涉及多条直口渠的情况，根据实际水权确权量在水资源使用权证书上载明每条渠的水权量。

内蒙古河套灌区乌兰布和灌域沈乌干渠引黄灌溉水权确权登记和用水指标细化分配工作流程图如图1-1所示，《引黄水资源管理权证书》《引黄水资源使用权权证》样例如图1-2和图1-3所示。

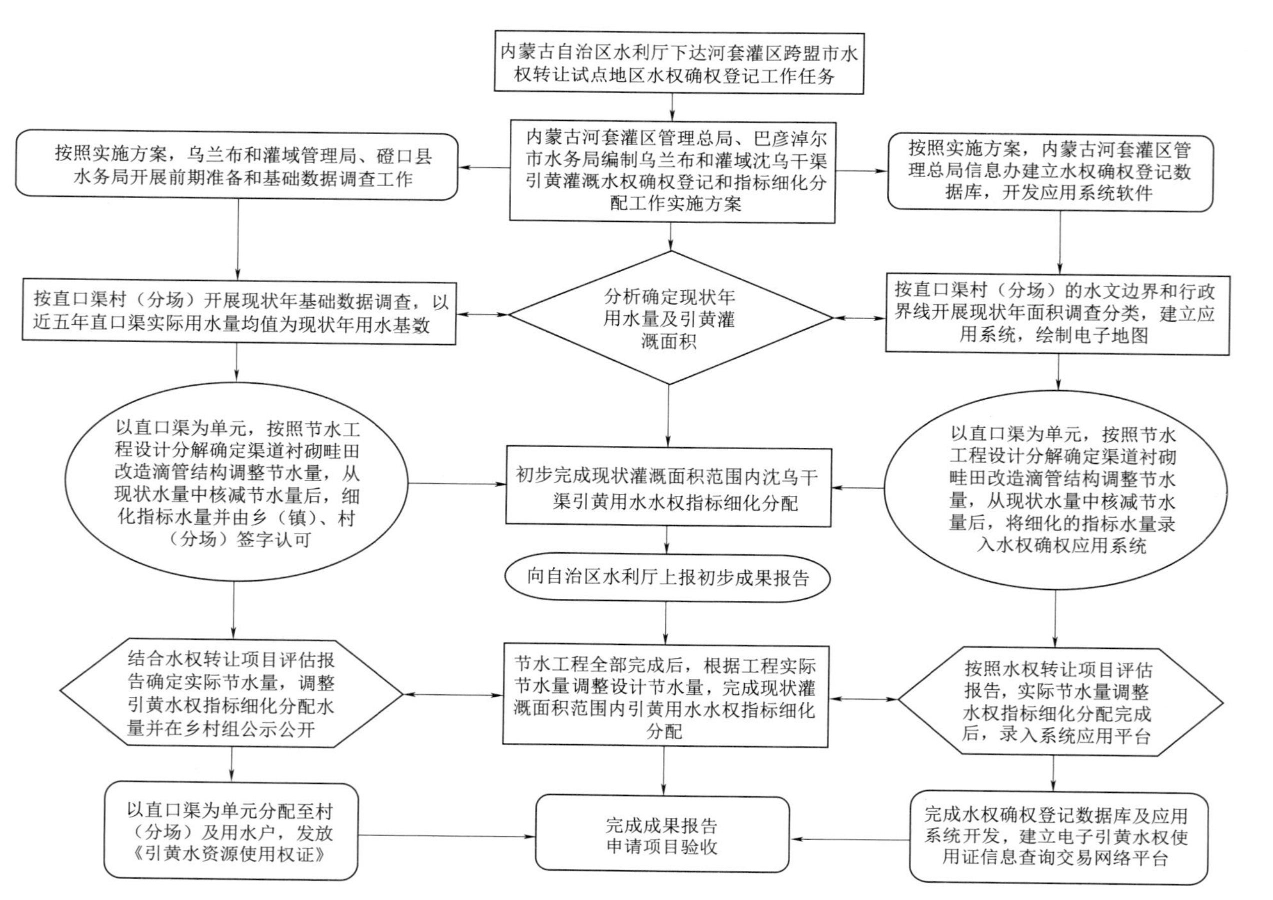

图 1-1　内蒙古河套灌区乌兰布和灌域沈乌干渠引黄灌溉水权确权登记和用水指标细化分配工作流程图

持证须知

引黄水资源管理权证

渠道名称：

群管组织：

水权量：

灌溉面积：

引水类型：引黄地表水

引水用途：农业灌溉

引水水源：

所辖灌户数量：

所辖行政区域：

审批机关（印章）

年　月　日

证书编号：00000001

图 1-2 《引黄水资源管理权证书》样例

6. 推进河套灌区灌溉制度改革

河套灌区不断深化沈乌灌域秋浇制度改革，通过推迟并压缩秋浇放关口时间、控制秋浇面积、推行有计划干地、加强田间用水管理、控制秋浇灌水定额以及采取“水量包干、指标到渠、一次供水、供够关口”等一系列行之有效的措施，沈乌灌域秋浇用水量由多年平均的 1.2 亿 m^3 左右，减少至 2017 年的 0.57 亿 m^3。秋浇面积由 48 万亩减少到 26 万亩，行水时间由 45 天减少到 30 天，农民减少水费支出约 560 万元。具体做法包括以下几方面：

(1) 明确总量控制与定额管理职责。根据统一管理、分级负责的原则，总量控制由内蒙古河套灌区管理总局代巴彦淖尔市政府负责，定额管理由旗

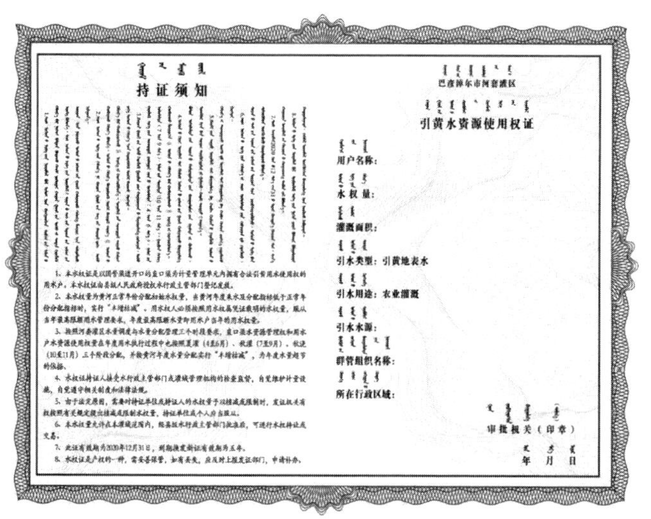

持证须知

1. 本水权证是以国管渠道开口的直口渠为计量管理单元内拥有合法引黄用水使用权的用水户。本水权证由县级人民政府授权水行政主管部门登记发放。

2. 本水权量为黄河正常年份分配初始水权量，当黄河年度来水及分配指标低于正常年份分配指标时，实行"丰增枯减"。用水权人必须按照用水权属凭证载明的水权量，服从当年最高限额用水管理要求，年度最高限额水量即用水户当年的用水权量。

3. 按照河套灌区水量调度与水量分配管理三个时段要求，直口渠水资源管理权和用水户水资源使用权量在年度用水执行过程中也按照夏灌（4至6月）、秋灌（7至9月）、秋浇（10至11月）三个阶段分配，并按黄河年度水量分配实行"丰增枯减"，为年度水量超节的依据。

4. 水权证持证人接受水行政主管部门或灌域管理机构的检查监督，自觉维护计量设施，自觉遵守相关制度和法律法规。

5. 由于法定原因，需要对持证单位或持证人的水权量予以核减或限制时，发证机关有权按照有关规定提出核减或限制水权量，持证单位或个人应当服从。

6. 本水权量允许在本灌域范围内，经县级水行政主管部门批准后，可进行水权转让或交易。

7. 此证有效期为2020年12月31日，到期换发新证有效期为五年。

8. 水权证是产权的一种，需妥善保管，如有丢失，应及时上报发证部门，申请补办。

巴彦淖尔市河套灌区

引黄水资源使用权证

用户名称：

水权量：

灌溉面积：

引水类型：引黄地表水

引水用途：农业灌溉

引水水源：

群管组织名称：

所在行政区域：

审批机关（印章）

年 月 日

图 1-3 《引黄水资源使用权权证》样例

（县、区）政府负责。

（2）确定总量控制指标。内蒙古河套灌区管理总局代表巴彦淖尔市政府将"国家分配水量、自治区内可调控水量、灌区内可调节水量"合并作为年度总量控制指标，下达到各旗（县、区）政府，分解到国管渠道开口的直口渠，旗（县、区）政府负责本行政区域内的总量控制，乡镇政府按照直口渠总量，逐级分解管理到村（组）及用水户。各灌域管理局、管理所按时段和轮次用水总量、流量、输水时间配水到直口渠，实行"供够水量关口"。内蒙古河套灌区

管理总局将用水总量按干口水量控制，实行“供够水量关口”。

（3）全面实行定额管理。各旗（县、区）按照下达总量控制指标，层层分解落实种植规模、灌溉面积、轮次计划，全面实行定额管理。按照国管干渠、分干渠开口的直口渠作为最小供水单元的总量控制指标，确定每条直口渠的综合灌溉定额、时段灌水定额、供水时间、应浇面积等硬性指标。特别是在秋浇、春灌干地、热水地上，当地政府要组织建立包浇组织，统一浇地质量，统一安排时间，统一灌水标准，统一灌水定额。

（4）实行公开公示制度，接受社会监督。为了切实做好引黄农业灌溉管理工作，明确用水总量控制与定额管理工作职责，巴彦淖尔市政府通过《巴彦淖尔日报》对全市引黄灌溉责任人进行公开公示，接受社会监督。

（5）统筹制定年度节水规划。要求各旗（县、区）对历年来明显超定额用水的地区，进一步加强管理、统一规划、制定措施，明确目标，限期整改，责任到人。无规划或限期不能达到目标要求的，水行政主管部门可采取限供、缓供或停止供水等措施，并与水资源管理行政首长考核目标挂钩。

（6）强化田间节水管理。各级政府和水行政主管部门按照“总量控制、定额管理”的原则，切实加强田间节水管理，坚决杜绝秋浇地与热水地大面积重复灌溉，严格控制补墒地的灌水定额，在不影响农作物播种和生长的条件下，考虑非充分灌溉因素，减少田间灌水定额，切实提高用水效率和效益。

（7）深化秋浇制度改革。针对乌兰布和沙区秋浇灌水定额高、保墒难度大的特点，结合种植结构调整，除计划种植小麦的土地外，种植葵花的土地一律不安排秋浇。节约水量集中安排翌年早春灌，既有效缓解了夏灌集中用水高峰压力，又缩短了行水期，节水效果明显。

（三）主要制度文件

2013 年以来，内蒙古自治区水权交易进入盟市间水权交易阶段。结合自治区实际并借鉴自治区盟市内黄河干流水权转让的经验，内蒙古自治区人民政府印发了《内蒙古自治区盟市间黄河干流水权转让试点实施意见（试行）》。此后，随着水利部启动水权试点工作并将内蒙古自治区列入试点范围，水利部先后印发了《水利部关于开展水权试点工作的通知》（水资源〔2014〕222 号）、《水利部　内蒙古自治区人民政府关于内蒙古自治区水权试点方案的批复》（水资源〔2014〕439 号）等文件，指导内蒙古黄河流域开展盟市间水权交易。

1.《内蒙古自治区人民政府关于批转自治区盟市间黄河干流水权转让试点实施意见（试行）的通知》

按照《国务院关于进一步促进内蒙古经济社会又好又快发展的若干意见》

和水利部与内蒙古自治区人民政府签署的合作备忘录关于开展跨行政区域水权交易试点的部署，内蒙古自治区启动了盟市间水权转让试点工作。2014 年年初，内蒙古自治区人民政府批转了《内蒙古自治区盟市间黄河干流水权转让试点实施意见（试行）》。该意见明确了开展试点的总体目标、组织实施、水权转让期限和费用等。其中，关于试点总体目标，拟转让指标按 3.6 亿 m^3 控制，分三期实施，实施期为 4 年（2013—2016 年）。本着先易后难的原则在河套灌区选择试点灌域，优先实施节水潜力大的灌域。关于组织机构，明确提出内蒙古自治区人民政府成立自治区水权转让试点工作领导小组，办公室设在自治区水利厅；相关盟市成立主要领导牵头的水权转让领导小组并设立办公室；巴彦淖尔市水务局具体负责节水工程实施的协调、运行后的监测与评估以及运行维护费的收取、使用和管理等。关于实施机构，内蒙古水务投资集团是项目实施的管理主体，巴彦淖尔市水务局为项目实施主体。关于受让方，必须是能够承担水权转让权利与义务的独立法人，受水工程项目必须符合国家产业政策和内蒙古自治区相关要求，愿意按规定实施水权转让并保证资金按时到位。关于转让期限和费用，原则上转让期限不超过 25 年，转让费用包括节水工程建设费用、运行维护费用、更新改造费用、农业损失补偿费用、必要的经济利益补偿和生态补偿费用等。

2.《水利部　内蒙古自治区人民政府关于内蒙古自治区水权试点方案的批复》

2014 年 12 月，水利部、内蒙古自治区人民政府联合批复了《内蒙古自治区水权试点方案》。此方案确定了盟市间水权交易的总体思路、基本原则和工作目标，明确了四项主要任务和工作内容：

（1）明确了开展盟市间水权交易的工作内容。包括完成河套灌区沈乌灌域节水改造工程建设、配置可转让水权指标、签订并实施盟市间水权转让合同、强化节水计量监测和监督管理等。

（2）建立健全自治区水权收储转让中心。包括完善自治区水权收储转让中心、探索交易运作机制和方式以及开展多层次、多形式的水权交易等。

（3）开展水权交易制度建设。包括推动出台内蒙古自治区水权转让管理办法、闲置取用水指标处置实施办法、水权收储转让项目资金管理办法、试点地区水权转让项目田间工程建设管理办法等政策文件，建立健全自治区水权收储转让中心运作规则、探索建立影响评价与利益补偿机制等。

（4）探索开展其他相关水权改革。包括开展灌区水资源使用权确权登记、农业水价综合改革、河套灌区灌溉制度改革等。

3.《内蒙古黄河干流水权收储转让工程建设管理办法》

2016 年 1 月 7 日，内蒙古自治区盟市间黄河干流水权转让工作领导小组办公会议审查并通过了自治区水权收储转让中心编制的《内蒙古黄河干流水权收储转让工程建设管理办法》。该办法规范了盟市间水权转让试点工程项目建设管理工作，明确了项目前期、项目实施过程中参建各方管理职责与管理权限，办法规定内蒙古水务投资集团是黄河水权收储转让工程项目实施的管理主体，由自治区水权收储转让中心具体负责项目前期工作、资金筹措和监督管理等，为便于后期属地管理，项目的具体建设全权委托内蒙古河套灌区管理总局组织实施；内蒙古河套灌区管理总局为黄河水权收储转让工程项目实施主体，组建黄河水权收储转让工程建设管理处，履行项目业主相关职责。

4.《内蒙古黄河干流水权收储转让工程资金管理办法》

2016年1月7日，内蒙古自治区盟市间黄河干流水权转让工作领导小组办公会议审查并通过了自治区水权收储转让中心编制的《内蒙古黄河干流水权收储转让工程资金管理办法》。该办法规范了盟市间水权转让试点工程资金使用运转流程，明确了试点工程资金运转过程中项目管理主体与实施主体的资金管理职责及资金流转、交接流程。规定自治区水权收储转让中心收到水权受让方水权项目资金后及时通过自治区水利厅上缴自治区财政，并申请财政水权项目资金的下拨；内蒙古河套灌区管理总局根据批准的试点工程总投资及进度安排，提出年度或阶段施工进度用款计划；自治区水权收储转让中心将自治区财政拨付的资金按批准的工程用款计划拨付给内蒙古河套灌区管理总局。

三、市场化水权交易阶段

（一）交易背景

经过十多年的盟市内、盟市间水权交易实践探索，内蒙古黄河流域积累了开展水权交易的相关经验，明晰了开展水权交易需要建立的基本环节和流程，也相应建立了系列制度体系。可以说，21世纪初以来十多年的盟市内、盟市间水权交易，是内蒙古黄河流域水权水市场建设的“初级发展阶段”，为接下来演变成为市场化水权交易奠定了基础。

国家层面，2016年4月水利部印发的《水权交易管理暂行办法》，为开展水权交易进一步提供了依据和遵循。同年6月28日，国家级水权交易平台——中国水权交易所正式开业运营。陈雷部长在2017年全国水利厅局长会议上提出要充分发挥中国水权交易所作用，积极培育水权水市场。2017年10月，党的十九大报告更是明确提出贯彻创新、协调、绿色、开放、共享的发展理念，建立符合生态文明要求的社会主义市场经济机制，使市场在资源配置中起决定性作用。可以看出，国家层面水资源管理体制改革的方向就是要“两手发力”，引入市场要素进入水资源配置领域，有效地促进农业节约水权逐渐向高效率、高效益行业和企业流转。

现实层面，随着经济环境的变化，由于种种原因，自治区水权收储转让中心先后与多家用水企业签订的水权交易合同，执行情况并不理想，出现了节水工程款迟迟不到位、用水指标闲置等问题，亟待解决。

在上述背景和诱因下，内蒙古自治区客观上需要逐步完善自身相关交易制度，推动企业建立水权交易的市场运作机制和方式，并从制度建设和交易实践两方面出发，使内蒙古黄河流域水权转让逐步向市场化方向发展。

（二）主要交易做法

内蒙古水权试点工作开展后，按照内蒙古自治区水行政主管部门的统一部署，自治区水权收储转让中心先后与十多家用水企业签订了《内蒙古黄河干流水权盟市间转让合同书》，分期分批将收到的水权转让合同资金用于开展河套灌区节水改造工程建设。然而，受到国际国内经济形势等因素影响，合同执行情况不理想。为盘活水资源存量，深化落实水权制度改革，有效利用市场机制促进水资源集约、高效利用，2016 年自治区水利厅将盟市间水权转让过程中未履行水权转让合同企业的 2000 万 m^3 闲置水指标收回，由自治区水权收储转让中心通过中国水权交易所进行公开交易，最终与 5 家用水企业成功签约。利用中国水权交易所进行市场化的公开交易，及时收回了 5 亿元水权转让合同资金，推动了内蒙古河套灌区节水工程的建设。

（三）主要制度文件

1.《内蒙古自治区闲置取用水指标处置实施办法》

一方面，内蒙古自治区部分地区的能源化工行业对水量的需求仍然很大，却因当地取用水总量已达到或者超过控制指标而无法获取更多的用水指标；另一方面，部分地区存在着一些闲置水指标。这一矛盾限制了拟建项目的核准备案。为缓解地区取用水指标供需矛盾，落实最严格的水资源管理制度，促进水资源集约高效利用，有效处置闲置取用水指标，根据《中华人民共和国水法》《取水许可和水资源费征收管理条例》等法律法规，内蒙古自治区水利厅结合实际，制定了《内蒙古自治区闲置取用水指标处置实施办法》（内政办发〔2014〕125 号），用于内蒙古自治区行政区域内闲置取用水指标的认定和处置。《内蒙古自治区闲置取用水指标处置实施办法》的出台，是内蒙古自治区对缓解地区取用水指标供需矛盾的一次创新和尝试，对于实现水资源合理配置、高效利用和有效保护具有重要作用和意义。同时，通过市场化手段处置盘活闲置水，也为下一步内蒙古自治区的水权交易改革奠定基础。

《内蒙古自治区闲置取用水指标处置实施办法》分总则、闲置水指标的认定、闲置水指标的处置、预防与监督、附则共 5 章 28 条，详细规定了闲置水指标的认定、处置及预防和监督责任。闲置取用水指标，是指水资源使用权法

人未按行政许可的水源、水量、期限取用的水指标或通过水权转让获得许可但未按相关规定履约取用的水指标。

《内蒙古自治区闲置取用水指标处置实施办法》规定，闲置取用水指标处置以实现水资源合理配置、高效利用和有效保护为目标，应当符合国家和内蒙古自治区最严格水资源管理制度要求，遵循总量控制、动态管理、盘活存量、注重效率、市场调节、统筹协调的原则。闲置取用水指标的认定和处置的实施主体为旗县级以上水行政主管部门。闲置水指标的认定和处置实行分级管理。上一级水行政主管部门负责对下一级水行政主管部门闲置水指标的认定和处置工作进行监督。在形成闲置水指标6个月内没有认定及处置的，上一级水行政主管部门有权对该闲置水指标收回并统筹配置。经内蒙古自治区水行政主管部门认定和处置的闲置水指标，必须通过自治区水权收储转让中心进行转让交易。盟市处置的闲置水指标也可以通过自治区水权收储转让中心交易平台进行转让交易。各级水行政主管部门依照建设项目水资源论证分级审批管理权限，对闲置水指标进行认定。下一级水行政主管部门应及时向上一级水行政主管部门上报管辖权内水指标闲置信息、处置意见和处置结果。属于流域机构和内蒙古自治区管理的项目，盟市级水行政主管部门应对闲置水指标进行初步认定，并提出处置建议。对于经核查属于闲置水指标的使用权法人，旗县级以上水行政主管部门向使用权法人下达《闲置水指标认定书》。

根据闲置水指标认定的不同情况，闲置水指标处置方式分为继续由使用权法人使用该水指标、按水行政主管部门闲置水指标分级管理权限进行处置和由自治区水权收储转让中心与使用权法人协商回购水指标。

《内蒙古自治区闲置取用水指标处置实施办法》规定，闲置水指标收储后，按现行水权转让项目单方水价格进行交易，获得闲置水指标的使用权法人需支付运行管理费。收储交易需缴纳收储交易费，费用标准另行制订。同时，被认定为闲置水指标的使用权法人拒不执行本办法相关规定的，按照《内蒙古自治区社会法人失信惩戒办法》予以惩戒。对于弄虚作假、徇私舞弊、玩忽职守的或触犯刑律的依规依法追究相关责任。

2.《内蒙古自治区水权交易管理办法》

经过多年探索，内蒙古黄河流域灌区向企业水权转让已经较为成熟，积累了一定经验。为进一步推进水权交易，按照依法行政和依法治水的要求，促进水权交易及其监督管理的规范化和法制化，2017年2月14日，经内蒙古自治区人民政府同意，内蒙古自治区人民政府办公厅印发了《内蒙古自治区水权交易管理办法》，自2017年4月1日起施行。

《内蒙古自治区水权交易管理办法》共6章38条，包括总则、交易的范围和类型、平台交易程序、交易费用和期限、交易管理、附则。第一章“总则”，规定了立法目的和依据、适用范围、基本原则、基本要求、监督管理权限、收储转让平台。第二章“交易的范围和类型”，明确了灌区或者企业采取措施节约的取用水指标、闲置取用水指标、再生水等非常规水资源、跨区域引调水工程可供水量等四种可交易水权，并规定了灌区水权转让、企业水权交易、社会资本投资节水的交易、闲置水指标的处置交易、水权转让项目闲置水指标的收储交易、再生水等非常规水资源的交易、跨区域有偿调水等七种交易情形。第三章“平台交易程序”，规定了水权交易主体条件和程序要求，包括水权交易的申请与委托、交易公告、意向受让申请、意向受让受理、交易方式、交易保证金、成交签约、交易价款结算等。第四章“交易费用和期限”，明确了水权交易基准费用构成、节水改造相关费用、交易佣金、税费、水权收储费用、水权交易单价，规定了水权交易期限和灌区水权转让补偿。第五章“交易管理”，规定了水权交易的监管要求、用途管制、禁止交易情形、取水许可变更、交易资金管理、风险防控、执法检查、纠纷处理、失信惩戒等，明确了交易各方责任和工作人员责任。第六章“附则”，规定了解释权限、实施日期。

总体上看，《内蒙古自治区水权交易管理办法》在以往制度建设基础上，进一步结合水权改革实践探索，丰富了水权交易的范围和类型，明确再生水等非常规水资源、跨区域引调水工程可供水量等也可以收储和交易，进一步明晰了在内蒙古自治区水权交易平台开展交易的条件和程序，并将水资源用途管制作为水权交易管理的重要内容。

第二章　内蒙古黄河流域水权交易制度评估

对内蒙古黄河流域水权交易制度进行系统检视和评估，不仅可以更完整地理解和把握相关制度内容，而且可以发现现有制度体系存在的不足，为进一步完善水权交易制度提供支撑。考虑到内蒙古黄河流域水权交易制度主要通过一系列法规政策文件予以体现，因而对其进行评估可以纳入广义立法后评估的范畴。本章借鉴立法后评估做法，在构建制度评估方法的基础上，对交易主体、可交易水权、交易平台以及交易程序、交易价格、交易期限、交易监管、第三方及公共利益影响与补偿等交易制度进行评估，在此基础上给出评估结论。

一、评估方法构建

（一）制度评估内涵及其现状

制度评估是根据评估标准、评估程序和评估方法对法律制度的文本质量、实施情况和实施效果等进行科学检测和客观分析，并在此基础上得出评估结论，提出解决方案，为完善制度提供依据和正当理由的一种评估活动。制度评估属于广义立法后评估的范畴，因为立法本身就是一种最严格的制度载体。因此，制度评估的方法构建可以沿用立法后评估的方法。

我国立法后评估实践始于20世纪90年代末，首先兴起于地方。从1997年开始，广州市人大常委会法工委对该市1992—1996年制定的8个地方性法规进行质量检查，此后，山东、安徽、云南、上海、甘肃、重庆、北京等地的地方人大都相继开展了地方性法规立法后评估工作。2004年，国务院在《全面推进依法行政实施纲要》（国发〔2004〕10号）中明确提出："规章、规范性文件施行后，制定机关、实施机关应当定期对其实施情况进行评估。"根据国务院要求，一些地方政府在吸取地方性法规立法后评估经验的基础上开始对地方政府规章进行立法后评估。截至2019年年底，已有十多个省、市地方人大、政府出台了有关立法后评估的地方性法规、政府规章或规范性文件，对评估主体、评估对象、评估方法、评估标准和评估程序等进行了规范。

在中央层面，法律立法后评估的实践始于2010年，时任全国人大常委会委员长吴邦国在十一届全国人大三次会议作全国人大常委会工作报告时指出，要适时启动立法后评估试点，结合常委会执法检查中发现的问题和法律实施中出现的新情况新问题，有针对性地选择一到两件事关群众切身利益的法律，开展立法后评估试点工作，探索建立立法后评估工作机制。根据该要求，全国人大常委会工作机构和有关的专门委员会组织开展了多部法律的立法后评估工作。例如，全国人大常委会法制工作委员会自2010年至2012年先后组织对《中华人民共和国科学技术进步法》《中华人民共和国农业机械化促进法》和《中华人民共和国中小企业促进法》三部法律有关制度进行评估；2010年，全国人大农业与农村委员会会同农业部等七部门对《农业技术推广法》进行立法后评估，提出了修改意见并确定了修改思路；2012年，全国人大内务司法委员会对《中华人民共和国残疾人保障法》的制度设计、实施保障和实施绩效进行评估。这些实践为推进法律立法后评估工作积累了有益经验。2015年，《中华人民共和国立法法》修改时将法律立法后评估上升为法定制度，此后全国人大常委会立法后评估工作逐渐常态化、制度化。

对行政法规立法后评估工作的探索尝试则要更早一些，2006年，国务院法制办选择了《信访条例》《艾滋病防治条例》《蓄滞洪区运用补偿暂行办法》《个人存款账户实名制规定》《劳动保障监察条例》《特种设备安全监察条例》六部与公民切身利益相关的行政法规进行了立法后评估，并于2007年和2008年继续开展立法后评估试点研究。在此基础上，结合地方和部门规章立法后评估工作经验，国务院法制办政府法制研究中心组织研究起草了《关于行政法规、规章立法后评估工作的指导意见（征求意见稿）》，对行政法规、规章立法后评估的范围、基本原则、评估主体和实施主体、评估标准、评估程序、评估基本方法和步骤、评估结果的运用提出了要求。此后，按照该意见要求，国务院每年确定4～6部行政法规进行评估，取得了较好的评估效果。2017年，《行政法规制定程序条例》修改时新增了有关行政法规立法后评估的相关内容，并规定要将评估结果作为修改、废止有关行政法规的重要参考。

总体而言，经过20余年的实践，我国制度评估制度日益规范化和普遍化。特别是在中国特色社会主义法律体系形成后，我国的立法工作的重点发生了转变，表现出从数量型立法转向质量型立法、从粗放型立法转向精细化立法、从强调立法速度转向深度构建现代法制的特点。在此背景下，制度评估作为提高立法或制度建设质量的重要手段，对于及时了解法规的实施情况，准确掌握和发现制度设计及执法环节存在的问题，促进法律制度的有效实施以及进一步加强和改进立法工作具有重要意义。

（二）评估原则

制度评估原则是对制度进行评估过程中所应当遵循的基本原理和一般准则，对制度评估工作具有指引功能、补充功能和解释功能。只有确定合理的评估原则，才能得出科学、正确、有效的评估结论。根据制度评估的性质和目

的，评估主体在进行评估时需要遵循以下原则：

（1）客观中立原则。客观中立原则要求评估过程中尊重客观事实，避免主观猜测与判断，反映事物本来的面目。客观中立原则作为贯穿评估工作始终的原则，要求在评估的启动阶段，评估主体应当根据客观依据而非领导意志来选择评估对象；在评估的实施阶段，评估主体应当处于一种中立、超然的地位，把评估对象放到立法时的环境和历史背景中去考察，通过客观事实来说明制度设计是否符合实际需要，并结合现有的法律制度体系，考察评估对象的实施情况；在评估完成阶段，评估主体应当基于客观全面的信息以及科学的评估方法和评估指标，得出科学的、中肯的评估结论，保障评估的公正性和客观性。

（2）公开透明原则。公开透明原则是指制度评估的评估信息、评估过程、评估结果应当保持公开和透明。在实践操作过程中，一是要保证评估信息的公开透明，如评估对象的公开、实施效果的公开、执法信息的公开等；二是要保证评估过程的公开透明，将评估所采用的原则、方法、指标及操作过程等向社会公开，广泛吸引社会力量参与到制度评估中来，形成评估主体与社会的良性互动；三是要保证评估结果的公开透明，将评估结论以及结论得出的基本逻辑以一定方式向社会公开，使利益相关方和社会公众知晓，将制度评估置于全社会的监督之下，避免评估流于形式。

（3）系统全面原则。系统全面原则是指制度评估不应仅仅局限于法律条文本身，还应当系统全面地考虑制度设计的合法性、规范之间的衔接协调性、执法效果和社会效果等。以水权交易制度的评估为例，一方面，由于水权交易制度涉及面广，系统全面原则的运用有助于发现各项法规政策之间的冲突和矛盾，找出症结所在，从而提升评估效果；另一方面，由于水与社会、经济、生态环境等系统是相互作用、相互依赖、相互制约的有机整体，系统全面原则的运用有助于站在整体的角度评估水权交易制度，理清事物之间的因果关系，得出科学的评估结论。除此之外，制度评估活动还应当充分全面地利用现有的调查方法和分析工具，多渠道、多角度、全方位地获取评估信息，取得更为客观科学的评估结果。

（4）注重实效原则。注重实效原则是指要注重制度实施效果所达到的收益与其投入的各种资源之间的比率关系，以及制度实施后的各种效益的实现程度。长期以来，由于我国对经济规律、自然规律、生态规律认识不够，导致往往过度关注制度实施的经济效益，而忽视了对社会效益和生态效益的影响。随着对治水规律和水利改革发展形势认识的不断深化，注重实效原则要求评估主体在制度评估工作中必须以事实为基础，以问题为导向，对是否达到制度目的、各项制度的实现程度等方面进行评估，以全面综合地判断制度的实施效果和产生的经济效益、社会效益、生态效益。

（三）评估方法

制度评估是一项复杂性、系统性工程，需要科学合理的评估方法作为支撑。在评估方法的选择和适用上，要充分考虑评估工作的针对性、社会参与的广泛性、评估技术的专业性，同时还要兼顾评估工作的全面性、系统性和难点、焦点问题的特殊性。根据水利立法和相关制度的特点，制度评估主要有以下四种评估方法。

1. 系统分析法

系统分析法是根据客观事物所具有的系统特征，从事物的整体出发，着眼于整体与部分、整体与结构及层次，结构与功能、系统与环境等的相互联系和作用，求得优化的整体目标的分析方法。系统分析法反映在水利制度评估中，一是要对评估对象内部进行系统分析，将具体的概念、条文、制度放在整部法律规范中理解，通过系统分析评估对象内在价值与目的，来明晰概念和条文的含义，判断内部各项制度设计是否合法合理，防止评估对象内部出现矛盾。二是要将评估对象放到水法规政策体系中进行系统分析，针对水利法规政策涉及面广、体系庞杂、互相牵涉的特点，水利制度评估应当在广泛收集相关数据资料的基础上，将与评估对象相关的上位法、同位阶立法以及配套措施放在一个整体中统一考虑、分析与判断，考察评估对象是否与上位法相抵触、是否与同位阶立法内容相重复或矛盾，判断该评估对象在水法规政策体系中的统一性和协调性。

2. 比较分析法

比较分析法是将两个或两个以上的研究对象进行比较，以确定它们之间的共同点和差异点的分析方法。运用比较分析法进行评估，可以直观地看出事物在某方面的变化或差距。比较分析法反映在水利制度评估中，一是体现为纵向比较，即通过对水利法规政策制定前后水事秩序进行比较来判断评估对象的实施效果，如对立法实施前后的水行政处罚数量进行比较。二是体现为横向比较，即对法规政策制定的预期效果和实际实施效果进行比较，观察法规政策目的和具体制度的实现程度；对实施效果正反两方面进行比较，观察评估对象取得的实际效果以及存在的问题；对同一领域相关立法进行比较，观察评估对象的合法性、协调性等指标。

3. 实证研究法

实证研究法是通过对经验事实的观察和调查，获取客观信息，归纳出事物的本质属性和发展规律的一种分析方法。水利制度评估不能仅从文本进行理论推导和逻辑演绎，更要建立在大量客观的实证调查数据之上。特别是在我国水情极为复杂的背景之下，水利法规政策在各地实践中往往会产生不同的实施效果，因此必须注重实证研究，基于实际情况进行分析和评估。一般而言，为保证所收集的信息全面、准确、可靠，增强评估结果的可信度，调查对象可以涵盖立法机关、行政主管部门及其相关部门、执法机关、行政相对人、利害关系人、专家学者、社会公众等；调查方式可以采取公开征求意见、问卷调查、召开座谈会、召开专家论证会、实地调研、走访询问等；调查内容可以包括立法背景调查、利益主体情况调查、制度实行情况调查、执法情况调查、法律法规实效性调查等。

4. 成本-效益分析法

成本-效益分析法是通过比较项目的全部成本和效益来评估项目价值的一种分析方法。成本-效益分析法目前被广泛应用于立法前评估和立法后评估之中，例如，国务院《全面推进依法行政实施纲要》（国发〔2004〕10号）就提出要积极探索对政府立法项目尤其是经济立法项目的成本效益分析制度。成本-效益分析法反映在水利制度评估中，体现为将评估对象所耗费的立法或制度建设的过程成本、实施后的执法成本和社会成本与所获得的经济效益、社会效益、生态效益进行权衡比较，以判断评估对象的合理性和可操作性，从而保证水利法规政策在理论上站得住，实践中行得通。但是由于法规政策所产生的效益是一个综合指标，对社会效益和生态效益的量化十分复杂和困难，这就会对其在实践中的运用带来一定的难度，因此评估主体还需要根据具体情况构建科学合理的分析模型。

（四）评估指标

科学的评估指标能够让评估主体准确把握评估对象的实际情况，引导制度建设工作的良性发展，而不科学的评估指标则有可能误导决策机关对制度和规范的选择。因此，应当结合水利法规政策的特点和一般立法后评估理论，构建合理的制度评估指标体系。基于前文分析，水利制度评估应当包括两部分内容：一是对评估对象文本质量的评估；二是对评估对象实施情况及实施效果的评估。水利制度评估指标体系也将基于上述两部分内容分别进行构建。

1. 文本质量评估

文本质量的评估应该从合法性、合理性、协调性、可操作性、规范性五个方面来实施，具体见表2-1。

（1）合法性。国家机关应当在宪法和法律规定的范围内行使立法职权，以维护社会主义法制的统一和尊严。因此，合法性是文本质量评估的重要指标。检验评估对象是否具有合法性，应当从以下三个方面进行评估：

1）制度制定权限，即法规政策制定主体对制度事项是否享有制定权。水

表 2-1　　文本质量评估一般性指标

评估标准	评估指标	指　标　内　涵
合法性	制度制定权限	是否符合制度制定权限
	制度内容	与上位法立法精神和具体条文是否相抵触
	制度制定程序	是否严格遵守法定程序进行立法和制定制度
合理性	制度必要性	是否能够回应经济社会的需要
	制度目的	制度目的是否正当
	管理体制	行政管理职责划分是否合理
	行政措施	是否符合客观规律
	权利义务	有关相对人实体权利和义务的规定是否平衡、合理
	法律责任	法律责任与违法行为性质、情节、社会危害程度是否相当
协调性	同位阶立法	与同位阶立法之间是否存在冲突
	国家政策	与国家政策之间是否存在冲突
	制度盲点	是否存在制度设计上的空白
可操作性	行政措施	行政措施是否具有针对性、易于操作
	行政程序	行政程序是否高效便民
	权利义务	权利义务是否明确，是否存在实现可能性或承担可能性
	法律责任	法律责任是否明确具体
规范性	概念界定	法律概念、术语是否准确、统一、规范、没有歧义
	语言表述	文字表述、标点符号的用法和数字的表述是否准确、规范
	形式结构	条文内部结构使用是否合理、准确和规范，逻辑是否自洽

利立法或制度建设主体必须在宪法、法律规定的范围内行使职权，超越法定的权限范围的行为是违法和无效的。

2）制度内容，即评估对象的立法精神和具体条文与上位法是否相抵触。在水利制度评估中，特别要注意的是一些水利立法在实施过程中，其上位法有可能进行了修改，因而需要重点关注上位法修改的内容。此外，一些行政法规、规章先于法律而制定，新法颁布后可能使行政法规和规章的某些规定丧失合法性依据。

3）制度制定程序，即制度制定主体是否严格遵守立项、起草、审查、决定、公布、备案审查等法定立法程序或有关行政决策程序。

（2）合理性。合理性是评价实在法的一种价值尺度，是法的价值性和真理性的统一，制度合理性要求制度内容客观、适度，符合公平正义等法律原则，主要表现为合规律性和合利益性。检验评估对象是否具有合理性，应当从以下六个方面进行评估：

1）制度必要性，即水利制度是否立足我国基本国情水情和水利工作实际，是否能够回应经济社会的需要，制度制定时机是否成熟。

2）制度目的，即水利制度目的是否具有正当性，是否符合水利改革发展的价值目标。

3）管理体制，即水利法规政策中有关行政管理职责划分是否割裂水利工作的内在关联，是否重复或者交叉，是否存在管理领域的真空。

4）行政措施，即具体措施是否符合客观规律，是否兼顾行政目标的实现和保护相对人的权益。

5）权利义务，即有关行政相对人实体权利和义务的规定是否平衡、合理。

6）法律责任，即法律责任与违法行为的性质、情节、社会危害程度是否相当。

（3）协调性。协调性旨在评价法律规范之间的配合关系，如果立法缺乏连贯性和协调性，就失去了作为标准行为范式的外在要件。检验评估对象是否具有协调性，应当从以下三个方面进行评估：

1）与同位阶立法之间是否存在相互冲突的现象，即同位阶立法之间的横向关系是否协调一致。

2）与国家政策之间是否存在不协调的现象，例如，水利法规政策是否与生态文明建设、国家机构改革、最严格水资源管理制度、河湖长制等规定存在不协调之处。

3）是否存在制度盲点，特别是在当前我国治水的主要矛盾已经发生深刻变化的背景下，要求对涉水行为进行全方位的监管，急需通过后评估发现水利法规政策中监管制度中存在的立法空白。

（4）可操作性。可操作性是指各项制度措施在社会生活中能够得到有效执行。可操作性是法规政策能够得到有效执行的关键，也是判断其质量优劣的重要指标。检验评估对象是否具有可操作性，应当从以下四个方面进行评估：

1）行政措施，即行政措施是否具有针对性，所规范的行为模式是否具体明确、容易识别、易于操作。

2）行政程序，即行政程序是否高效便民，是否从方便公民、法人和其他组织的角度出发设计程序，是否通过激励机制促使公权力积极作为。

3）权利义务，即权利义务是否明确，是否存在实现可能性或承担可能性。

4）法律责任，即法律责任是否明确具体。

（5）规范性。规范性是指评估对象文本符合立法技术规范。立法技术是立法活动过程中所体现和遵循的法律规范制定、修改、废止和补充的技能、技巧规则的总称，其核心内容包括立法结构技术和立法语言技术，其价值和目的在于使法律规范的表达形式臻于完善，使其与内容相符合，以便法律的遵守和适用。检验评估对象是否具有规范性，应当从以下三个方面进行评估：

1）概念界定，即法律概念、术语是否准确、统一、规范、没有歧义。

2）语言表述，即文字表述、标点符号的用法和数字的表述是否准确、规范。

3）形式结构，即条文内部结构使用是否合理、准确和规范，逻辑是否自洽。

2. 实施情况及实施效果评估

（1）实施情况。实施情况包括评估对象宣传、贯彻和落实情况。通过制度评估发现水利领域存在的有法不依、执法不严、违法不究等问题并及时予以纠正，对于推进全面依法治国具有重要意义。评估水利制度的实施情况可以从以下三个方面展开：

1）宣传情况，即对评估对象的宣传培训工作进行评估，考察行政机关是否结合工作实际，采取适当的形式，广泛宣传评估对象的立法背景、重大意义和主要制度，是否提高了公众对评估对象的可接受性和认同性，是否使行政执法人员全面准确掌握相关制度。

2）配套措施，即评估要求建立的配套措施是否完备，行政机关是否根据相关规定对上位法不具有操作性的原则性规范或概括性规定予以细化，确保相关措施落地。

3）执法情况，即评估对水利制度和措施是否落实到位，是否对贯彻实施的情况开展经常性的监督检查，是否能够及时发现问题并予以纠正。

（2）实施效果。实施效果是指评估对象在实际社会生活中被执行、使用、遵守后所产生的效果，通过考察评估对象的实施效果可以了解到立法的社会目的、价值以及社会功能的实现程度。评估水利制度建设的实施效果可以从以下三个方面展开：

1）预期目的，即实施效果是否符合制度的预期目的。

2）实现程度，即制度制定者所设计的制度在现实中所实现的程度。

3）综合效益，即法规政策实施后产生的经济效益、社会效益和生态效益。除此之外，在缺乏合理量化综合效益的有效工具和手段的情况下，也可以对评估对象实施所产生的正面效果和负面影响进行定性评价。

实施情况及实施效果评估一般性指标见表2-2。

二、评估内容

经过十多年的水权交易制度建设，内蒙古黄河流域目前形成了以《内蒙古自治区水权交易管理办法》为龙头，《内蒙古自治区闲置取用水指标处置实施办法》《黄河水权转让管理实施办法》《内蒙古黄河干流水权收储转让工程资金

表 2-2　　实施情况及实施效果评估一般性指标

评估标准	评估指标	指　标　内　涵
实施情况	宣传情况	是否结合工作实际进行广泛宣传，各类主体是否了解制度内容
	配套措施	是否建立了相应的配套措施，配套措施与相关法律法规是否协调
	执法情况	法规是否得到普遍的执行
实施效果	预期目的	实施效果是否符合立法目的
	实现程度	各项制度的实现程度
	综合效益	法规实施后产生的经济效益、社会效益和生态效益

管理办法》等为配套的水权交易制度文件体系，涵盖了盟市内交易、盟市间交易以及市场化交易中交易主体、可交易水权、交易平台、交易价格、交易期限、交易程序、交易监管、第三方及公共利益影响与补偿等交易要素需要涉及的相关制度，为实际开展相关水权交易实践活动提供了有力的指导和依据。本部分按照上述评估原则、方法和指标，对内蒙古黄河流域水权交易制度的各项内容进行逐一评估。需要说明的是，由于规范性和实效性（实施情况和实施效果）难以按照制度内容逐一分析，而需要综合考虑，因此本部分在评估各项制度内容时，重点从合法性、合理性、协调性、可操作性等角度进行评估，并对制度整体内容的规范性与实效性进行总体评估。

（一）交易主体

1. 交易主体的主要制度内容及实践做法

水权交易主体由出让方和受让方两方组成。2003 年以来，随着内蒙古黄河流域水权交易实践探索范围从盟市内扩大至盟市间，闲置取用水指标交易等交易类型的出现，开展水权交易的主体类型也发生了变化。

（1）盟市内水权交易。2004 年，内蒙古自治区人民政府批转了自治区水利厅《关于黄河干流水权转换实施意见（试行）》，根据《水利部关于内蒙古宁夏黄河干流水权转换试点工作的指导意见》和黄河水利委员会《黄河水权转换管理实施办法（试行）》，结合内蒙古自治区黄河水资源开发利用的实际，对水权转换出让方、受让方应具备的基本条件进行了规定。根据这些规定，水权转换出让方必须具备四项条件，分别是：①拥有内蒙古自治区人民政府和有关盟行政公署、市人民政府确认的初始水权；②具备法人主体资格且有依法取得的取水许可证；③能够承担水权转换权利与义务的取水权益人；④通过工程措施能够节约水量。水权转换受让方必须具备三项条件，分别是：①能够承担水权转换权利与义务的独立法人；②受水工程项目必须符合国家产业政策；③愿意按规定实施水权转换并保证资金按时到位。

现实中，实施盟市内水权转换，由用水企业与节水工程所在地的灌区管理局签订黄河干流取水权转让协议。其中，作为受让主体的用水企业，是政府根据企业提交用水申请情况，在符合国家产业政策及地区产业布局的项目中择优选取的。

（2）盟市间水权交易。2013年以来，内蒙古黄河流域水权交易的范围扩大到了盟市间，与之相应的水权交易主体也发生了变化。2014年内蒙古自治区人民政府批转了自治区水利厅《内蒙古自治区盟市间黄河干流水权转让试点实施意见（试行）》，其明确了受让方应具备的条件：①能够承担水权转让权利与义务的独立法人；②受水工程项目必须符合国家产业政策和内蒙古自治区相关要求；③愿意按规定实施水权转让并保证资金按时到位。

现实中，在内蒙古黄河流域开展盟市间水权交易签署的是三方合同。出让方为节水工程所在地的水务局，受让方为符合条件的用水企业，第三方为自治区水权收储转让中心。关于受让方的确定，是在分类整理企业用水申请，综合考量待审项目，从耗水量、污染排放、土地指标三个方面进行核实审查，严格按照国家产业政策及地区产业布局进行项目布局择优选择。

（3）闲置取用水指标交易。2014年出台的《内蒙古自治区闲置取用水指标处置实施办法》的规定，闲置取用水指标的认定和处置的实施主体为旗县级以上水行政主管部门。经自治区水行政主管部门认定和处置的闲置水指标必须通过自治区水权收储转让中心交易平台进行转让交易。盟市处置的闲置水指标也可通过自治区水权收储转让中心交易平台进行转让交易。如果建设项目要获得闲置水指标，需要符合的条件包括：①项目应符合区域、产业相关规划及准入条件；②用水定额必须满足《内蒙古自治区行业用水定额标准》和国家清洁生产相关标准的要求；③污水排放必须满足水功能区管理的相关要求；④符合国家和内蒙古自治区用水政策及其他要求。

现实中，水权收储转让也是三方签订合同。出让方为开展水权收储的水务局或自治区水利厅，受让方为符合条件的用水企业，第三方为自治区水权收储转让中心。关于受让方的确定，逐步引入了市场机制。出让方可以将收储的水权在水权交易平台上进行公开竞价，合理选择受让方。

（4）最新规定。2017年，内蒙古自治区人民政府办公厅印发《内蒙古自治区水权交易管理办法》，明确规定灌区或者企业采取措施节约的取用水指标、闲置取用水指标、再生水等非常规水资源、跨区域引调水工程可供水量，可以依照该办法规定收储和交易。社会资本持有人经与灌区或者企业协商，通过节水改造措施节约的取用水指标，经有管理权限的水行政主管部门评估认定后，可以收储和交易。水权交易受让方应当符合的条件包括：①项目符合区域、产业相关规划及准入条件；②符合最严格水资源管理制度要求；③用水定额满足《内蒙古自治区行业用水定额标准》要求；④入河污水排放满足水功能区管理

的相关要求；⑤符合国家和内蒙古自治区规定的其他要求。

2017年，自治区水权收储转让中心制定出台了《内蒙古自治区水权交易规则（试行）》，对通过自治区水权收储转让中心开展水权交易的出让方、受让方条件进行了细化，明确了需要双方提交的审核材料。其中，转让方需要提交的审核材料包括：①自治区水权收储转让中心水权转让申请书；②水权交易项目注册及交易申请信息表；③水权交易项目水资源论证报告批复文件；④统一社会信用代码证书（或原工商营业执照）正本复印件、法定代表人身份证复印件，有委托代理情形的，还需提交委托代理文件和被委托人身份证复印件；⑤水权交易项目取水许可申请书；⑥有管辖权的旗县级以上地方人民政府水行政主管部门同意文件；⑦需要提交的其他材料。受让方需要提交的材料包括：①自治区水权收储转让中心水权受让申请书；②水权交易项目注册及交易申请信息表；③统一社会信用代码证书（或原工商营业执照）正本复印件、法定代表人身份证复印件，有委托代理情形的，还需提交委托代理文件和被委托人身份证复印件；④拟用水项目纳入国家或相关部门的产业发展规划情况（受让方以收储为目的则无需提交）；⑤有管辖权限的水行政主管部门同意文件；⑥征信情况；⑦需要提交的其他材料。

2. 交易主体制度评估

（1）合法性评估。

1）制度制定权限合法性评估。《中华人民共和国立法法》第82条规定：“省、自治区、直辖市和设区的市、自治州的人民政府，可以根据法律、行政法规和本省、自治区、直辖市的地方性法规，制定规章。地方政府规章可以就下列事项作出规定：①为执行法律、行政法规、地方性法规的规定需要制定规章的事项；②属于本行政区域的具体行政管理事项。”内蒙古黄河流域水权交易主体制度主要由《内蒙古自治区水权交易管理办法》和《内蒙古自治区水权交易规则（试行）》规定，均属于地方制定的规章以下规范性文件。其交易主体的制度内容系对本行政区域内水权交易的具体行政管理事项的规定，符合立法法相关规定。

2）制度内容合法性评估。《内蒙古自治区水权交易管理办法》和《内蒙古自治区水权交易规则（试行）》关于交易主体制度的主要内容具有法律上的依据。在交易主体方面，盟市间、盟市内的水权交易主体均有上位法依据，但闲置水指标的交易主体，没有明确上位法依据。

3）制度制定程序合法性评估。《规章制定程序条例》规定：“省、自治区、直辖市和较大的市的人民政府所属工作部门或者下级人民政府认为需要制定地方政府规章的，应当向该省、自治区、直辖市或者较大的市的人民政府报请立项。报送制定规章的立项申请，应当对制定规章的必要性、所要解决的主要问题、拟确立的主要制度等作出说明”。虽然内蒙古自治区水权交易制度涉及的几部规章以下规范性文件在性质上不属于规章，但制定过程中均履行了征求意见、报有关部门批准等程序，涉及水利部门以外的内容和事项，由内蒙古自治区人民政府发文。从程序上看，制度的制定程序符合法律要求。

（2）合理性评估。内蒙古黄河流域水权交易主体根据不同的交易类型确定了不同的水权转换出让方和受让方，并规定了相应的条件，如水权转换出让方必须拥有内蒙古自治区人民政府和有关盟行政公署、市人民政府确认的初始水权，具备法人主体资格，能够承担水权转换权利与义务的取水权益人，通过工程措施能够节约水量等，这些条件是进行水权交易的实质性主体条件，同时，强调对节约水量的交易，也符合上位法水利部《水权交易管理暂行办法》等文件的规定，具有合理性。

（3）协调性评估。协调性既包括与中央政策文件及上位法的协调性，也包括与同位阶制度的协调性。在几类水权交易类型中，盟市内、盟市间的水权转让因为有上位法的类型规定，在交易主体制度方面协调性较好，内蒙古自治区出台的系列制度中关于上述两种类型的交易主体也规定较为清晰、一致。但闲置水指标的交易类型中的交易主体，由于上位法并未有清晰规定，因此，关于闲置水指标的交易主体，与上位法的一致性还有一定欠缺。同位阶制度具有较高协调性。

（二）可交易水权

1．可交易水权的制度现状及实践做法

（1）可交易水权。按照水利部、黄河水利委员会及内蒙古自治区出台的有关文件，用于交易的水权是指取水权。2004 年《水利部关于内蒙古宁夏黄河干流水权转换试点工作的指导意见》对水权转换的界定、范围和条件进行了规定：①本意见所称水权是指取水权，所称水权转换是指取水权的转换。直接从江河、湖泊或者地下取用水资源的单位和个人，应当按照国家取水许可制度和水资源有偿使用制度的规定，向水行政主管部门或者流域管理机构申请领取取水许可证，并缴纳水资源费，取得取水权；②内蒙古自治区、宁夏回族自治区水权转换试点范围近期暂限于黄河干流取水权转换（区域间的水权转换可参照本指导意见执行）；③水权转换出让方必须是已经依法取得取水权，并拥有节余水量（近期主要指工程节水量，暂不考虑非工程措施节水量）的取水权益人；④水权转换不得违背现行法律法规和有关政策的规定。黄河水利委员会出台的《黄河水权转换管理实施办法（试行）》规定：遵循黄河可供水量分配方案，现状引黄耗水量超过国务院分配指标的，应提出通过节水措施达到国务院分配指标的年限和逐年节水目标。水权转换期限要兼顾水权转换双方的利益，

综合考虑节水主体工程使用年限和受让方主体工程更新改造的年限，以及黄河水市场和水资源配置的变化，原则上水权转换期限不超过25年。结合上述要求，内蒙古自治区出台的《关于黄河干流水权转换实施意见（试行）》对内蒙古黄河流域的可交易水权进行了相应规定。2009年，黄河水利委员会《黄河水权转让管理实施办法》进一步规定：农业节水向工业用水转让的，由于工业供水保证率与农业供水保证率的不同，为保证供水安全，其节约水量应按不小于转让水量的1.2倍考虑。2014年《内蒙古自治区盟市间黄河干流水权转让试点实施意见（试行）》确定的可交易水权范围定在河套灌区，试点工作转让指标按3.6亿m^3控制，分三期实施，每期转让水量1.2亿m^3。

按照上述相关规定，现实中内蒙古黄河流域盟市内和盟市间开展水权转让，“可转让水权”是指通过节水措施，节约下来的可以转让给其他用水户的那部分水量。可转让水权要满足两点要求：①已经超过黄河省级耗水水权指标的省区，节约水量不能全部用于水权转换，要考虑偿还超用的省级耗水水权指标；②节约的水量必须稳定可靠，能够满足水权转换期，通常在25年内，持续产出转换水量所必需的节水量。

关于灌区采取节水措施获得的可交易水权，内蒙古黄河流域经过十多年的盟市内和盟市间水权交易探索，已经建立了相应的可交易水权评估认定制度。通过编制水权转换可行性研究报告、建设项目水资源论证报告书及其初步设计、可行性研究报告等，能够对灌区可交易水权的水量、成本、保证率等相关因素进行合理的评估或测算，为开展交易提供相应依据。

关于企业采取节水措施获得的可交易取水权，尚未针对性地建立节约水量的评估认定机制。对于企业提出的可交易取水权的水量、年限、价格等因素，政府需要对企业自身的节水投入成本、节水成效等，结合工业用水定额、年度用水计划、用水计量及水费缴纳情况、项目水资源论证等进行综合评估认定。一方面防止企业弄虚作假套取用水指标用于交易获利，另一方面为日后的监督管理提供基础和依据。

（2）闲置取用水指标。内蒙古黄河流域部分地区的能源化工行业对水量的需求仍然很大，但却因该地区取用水总量已达到或者超过控制指标，而无法获取更多的用水指标；与此同时，还存在着一些闲置水指标，这一矛盾限制了拟建项目的核准备案。针对这一现状，内蒙古自治区出台了《内蒙古自治区闲置取用水指标处置实施办法》，提出对自治区行政区域内闲置取用水指标进行认定和处置。

按照该实施办法的规定，闲置水指标是指水资源使用权法人未按行政许可的水源、水量、期限取用的水指标或通过水权转让获得许可但未按相关规定履约取用的水指标。符合下列条件之一的，系该实施办法所称的闲置水指标：

①项目尚未取得审批、核准、备案文件，但建设项目水资源论证报告书批复超过36个月的；②项目已投产，使用权法人未按照相关规定申请办理取水许可证的；③水权转让各方在签订水权转让合同后6个月内，使用权法人没有按期足额缴纳灌区节水改造工程建设资金的；④水权转让项目使用权法人在节水改造工程通过核验后，不按规定按时、足额缴纳水权转让节水改造工程运行维护费、更新改造费等应由受让方缴纳的费用的；⑤项目已投产并申请办理取水许可手续，但近2年实际用水量（根据监测取用水量，按设计产能折算后计）小于取水许可量的部分；⑥项目已投产，使用权法人未按照许可水源取用水，擅自使用地下水或其他水源超过6个月的。城乡居民生活用水和生态用水的水指标不得按闲置水指标处置。实施办法实行以来，内蒙古自治区先后两次开展了0.2亿m^3和0.415亿m^3闲置取用水指标收回和公开交易工作。

（3）最新规定。2017年出台的《内蒙古自治区水权交易管理办法》进一步丰富了可交易水权的类型。《内蒙古自治区水权交易管理办法》规定，灌区或者企业采取措施节约的取用水指标、闲置取用水指标、再生水等非常规水资源、跨区域引调水工程可供水量，可以依照该办法规定收储和交易。其中，灌区因实施节水改造等措施节约的取用水指标，具备条件的可以跨行业、跨地区转让；企业通过改进工艺、节水等措施节约水资源的，在取水许可的限额内，经原审批机关批准，其节约的取用水指标可以交易；社会资本持有人经与灌区或者企业协商，通过节水改造措施节约的取用水指标，经有管理权限的水行政主管部门评估认定后，可以收储和交易；依据《内蒙古自治区闲置取用水指标处置实施办法》，由旗县级以上地方人民政府水行政主管部门认定的闲置取用水指标，可以收储和交易；再生水等非常规水资源可以收储和交易。属于下列情形之一的，不得开展水权交易：①城乡居民生活用水；②生态用水转变为工业用水；③水资源用途变更可能对第三方或者社会公共利益产生重大损害的；④地下水超采区范围内的取用水指标；⑤法律、法规规定的其他情形。

2. 可交易水权制度评估

（1）合法性评估。

1）制度制定权限合法性评估。内蒙古黄河流域可交易水权制度主要由《内蒙古自治区水权交易管理办法》和《内蒙古自治区水权交易规则（试行）》等规定，均属于地方制定的规章以下规范性文件。其可交易水权的制度内容系对本行政区域内水权交易的具体行政管理事项的规定，符合立法法相关规定。

2）制度内容合法性评估。《内蒙古自治区水权交易管理办法》和《内蒙古自治区水权交易规则（试行）》等关于可交易水权制度的主要内容具有法律上的依据。具体包括：在可交易水权方面，通过节水措施节约下来的可以转让给其他用水户的那部分水量的可交易性具有合法性。需要注意的是，可转让水权

要满足两点要求：①已经超过黄河省级耗水水权指标的省区，节约水量不能全部用于水权转换，要考虑偿还超用的省级耗水水权指标；②节约的水量必须稳定可靠，能够满足水权转换期，通常在25年内，持续产出转换水量所必需的节水量。这一做法有上位法依据，且已经被内蒙古自治区的水权交易实践所检验。2017年出台的《内蒙古自治区水权交易管理办法》将可交易水权扩大至“灌区或者企业采取措施节约的取用水指标、闲置取用水指标、再生水等非常规水资源、跨区域引调水工程可供水量”，其中闲置取用水指标、再生水等非常规水资源能否作为可交易水权，在上位法中没有明确依据。

3）制度制定程序合法性评估。《规章制定程序条例》规定：“省、自治区、直辖市和较大的市的人民政府所属工作部门或者下级人民政府认为需要制定地方政府规章的，应当向该省、自治区、直辖市或者较大的市的人民政府报请立项。报送制定规章的立项申请，应当对制定规章的必要性、所要解决的主要问题、拟确立的主要制度等作出说明”。虽然内蒙古自治区水权交易制度涉及的几部规章以下规范性文件在性质上不属于规章，但制定过程中均履行了征求意见、报有关部门批准等程序，涉及水利部门以外的内容和事项，由内蒙古自治区人民政府发文。从程序上看，制度的制定程序符合法律要求。

（2）合理性评估。内蒙古黄河流域可交易水权包括“灌区或者企业采取措施节约的取用水指标、闲置取用水指标、再生水等非常规水资源、跨区域引调水工程可供水量”等。虽然包括闲置取用水指标、再生水等非常规水资源等新型的水权是否可作为交易水权在上位法中并没有明确规定，但从合理性角度来看，内蒙古自治区作为水资源极度紧缺的地区，将闲置水指标纳入可交易水权不失为解决经济发展与用水矛盾的合理、可行做法。同时，内蒙古自治区的相应制度还规定了可交易水权的条件，如闲置取用水指标由旗县级以上地方人民政府水行政主管部门认定，同时对禁止交易的情形进行了规定：①城乡居民生活用水；②生态用水转变为工业用水；③水资源用途变更可能对第三方或者社会公共利益产生重大损害的；④地下水超采区范围内的取用水指标等。这些内容均具有合理性。

也要看到，在闲置水指标的认定上，也存在一些不合理之处。特别是将“项目已投产并申请办理取水许可手续，但近2年实际用水量（根据监测取用水量，按设计产能折算后计）小于取水许可量的部分”规定为闲置水指标，其中的2年实际用水量不够合理，因为在该2年时间内企业可能因为市场变化等原因而出现减产进而导致实际用水量偏小现象，此时按照近2年实际用水量计算闲置水指标对企业存在不公平问题。

（3）协调性评估。协调性既包括与中央政策文件及上位法的协调性，也包括与同位阶制度的协调性。在几类可交易水权中，灌区或者企业采取措施节约的取用水指标、跨区域引调水工程可供水量因为有上位法的类型规定，在交易主体制度方面协调性较好，内蒙古自治区出台的系列制度中关于上述两种类型的交易主体也规定较为清晰、一致。但闲置取用水指标、再生水等非常规水资源的可交易水权类型，由于上位法中并未有清晰规定，因此，与上位法的一致性还有一定欠缺。同位阶制度具有较高协调性。

（三）交易平台

内蒙古自治区水权交易平台指的是自治区水权收储转让中心。该平台是我国第一个省级水权交易平台，自 2013 年 12 月 17 日成立以来，在推进内蒙古黄河流域水权交易制度建设方面发挥了巨大作用。以下内容从平台的定位、机构设置、自身运作规范与制度等方面进行分析。

1. 交易平台的主要制度内容及实践做法

（1）平台的定位。交易平台的定位包括两个层面：一是将平台设立为内蒙古自治区水资源管理改革的业务支撑单位，服务自治区水权收储转让工作；二是将平台设立为公益类国有企业，开展水权交易和收储。平台预设的经营范围包括：内蒙古自治区内盟市间水权收储转让；行业、企业节余水权和节水改造节余水权收储转让；投资实施节水项目并对节约水权收储转让；新开发水源（包括再生水）的收储转让；水权收储转让项目咨询、评估和建设；国家和流域机构赋予的其他水权收储转让。

（2）平台的机构设置。作为水权交易平台的自治区水权收储转让中心，按照《中华人民共和国公司法》的规定设置了机构。其中，董事会现有董事成员 3 人，由股东内蒙古水务投资集团委派非职工董事 2 人，由职工代表大会选举职工董事 1 人；设监事 1 人，由股东委派。自治区水权收储转让中心现有员工 17 人，董事长兼党支部书记 1 人、总经理 1 人、副总经理 1 人，设立 5 个职能部门。

1）综合部：主要负责行政事务、人力资源、后勤、档案管理、综合事务管理等工作。

2）水权交易部：主要负责项目收集、交易过程管理、合同管理、水权市场建立运作、信息化平台建设、发展战略规划、合同节水、水资源资本化、市场经营数据统计分析、客户数据库管理、交易配套咨询业务。

3）水权收储部：主要负责节水工程项目前期工作、组织招投标工作、项目建设监督管理、项目建设资金管理、项目运行监管和转让期监管、组织第三方进行评估。

4）风险防控部：主要负责风险防控制度建设、法律纠纷处理、运营风险防控、突发事件应急处置。

5）资产财务部：主要负责内部财务核算管理、外部交易结算、资产财务管理、财务风险防控。

内蒙古自治区水权交易平台组织架构如图 2－1 所示。

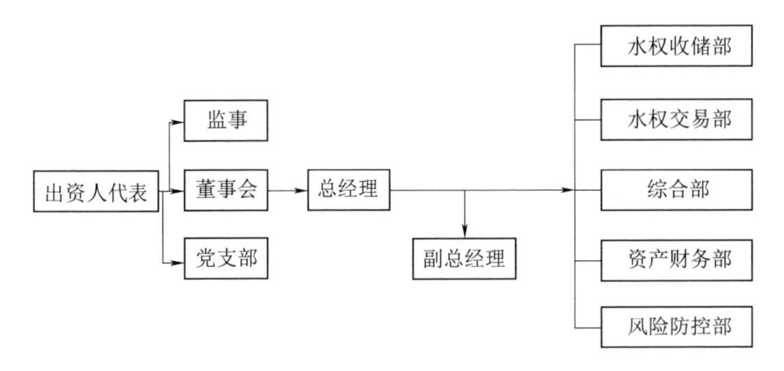

图 2－1　内蒙古自治区水权交易平台组织架构图

（3）平台的自身运作规范与制度。交易平台制定出台了自身运作的一系列制度，包括《内蒙古自治区水权收储转让中心董事会议事规则》《内蒙古自治区水权收储转让中心经理办公会议事规则》《保密制度》《会议管理办法》《办公用品管理办法》《印章管理制度》《公文处理管理制度》《档案管理办法》《业务招待管理办法》《员工守则》《考勤及休假管理办法》《奖惩管理办法》《员工招聘管理办法》等。

（4）平台的运行机制。目前，交易平台的运行机制包括以下内容：

1）利用中国水权交易所交易系统开展交易。在交易双方的意向和交易内容确定之后，内蒙古自治区的水权交易是通过使用中国水权交易所的交易系统最终实现的。与中国水权交易所的合作使内蒙古自治区水权交易平台实现了用户注册、交易申请、发布公告、意向申请、交易撮合、成交签约、价款结算全流程互联网交易的便捷交易模式。

2）确定了水权交易价格核算方式等重要交易规则。交易平台根据黄河水利委员会批复的《内蒙古黄河干流水权盟市间转让河套灌区沈乌灌域试点工程可行性研究报告》和《内蒙古自治区水利厅关于〈内蒙古黄河干流水权盟市间转让试点工程初步设计报告〉的批复》，按照计算公式：水权转换总费用/（水权转换期限×年转换量），确定水权转让价格为每年 1.03 元/m^3，此价格包括五项内容：节水工程建设费、节水工程和量水设施运行维护费、节水工程更新改造费、工业供水因保证率较高致使农业损失的补偿费用、必要的经济利益补偿和生态补偿费用。节水工程建设费、节水工程和量水设施运行维护费、节水工程更新改造费收费价格为：节水工程建设费每立方米 15.00 元，节水工程和量水设施运行维护费每立方米 7.50 元，节水工程更新改造费每立方米

1.085元。

3）明确水权交易服务收费标准。2017年6月19日，内蒙古自治区发展和改革委员会以内发改费函〔2017〕314号文批准了自治区水权收储转让中心交易服务的收费标准，自印发之日起执行。批复明确，灌区或者企业采取措施节约的取用水指标、闲置取用水指标、再生水等非常规水资源、跨区域引调水工程可供水量等范围的水权交易，只对受让方收取交易服务费，水权收储及出让方不承担交易服务费：①水权交易成交总金额为3000万元以下（含3000万元）的，按照成交总金额的1.5%收取；②水权交易成交总金额为3000万～6000万元（含6000万元）的，按照成交总金额的1.25%收取；③水权交易成交总金额为6000万～1亿元（含1亿元）的，按照成交总金额的1%收取；④水权交易成交总金额为1亿～3亿元（含3亿元）的，按照成交总金额的0.75%收取；⑤水权交易成交总金额为3亿元以上的，按照成交总金额的0.5%收取。

4）建立健全水权交易监管的相关制度。为了确保水权交易符合上位法和公共利益，确立了自治区水权收储转让中心在内蒙古自治区水利厅指导下开展项目前期、资金筹措融资、监督检查水权转让节水改造工程的实施等工作。为加强交易风险控制管理，2016年11月，自治区水权收储转让中心设立了风险防控部，并制定了《内蒙古自治区水权收储转让中心有限公司风险控制管理办法》。

2. 交易平台制度评估

（1）合法性评估。

1）制度制定权限合法性评估。内蒙古自治区水权交易平台制度除了在《内蒙古自治区水权交易管理办法》中进行简要规定外，具体运作主要依据的是交易平台自身规定的一系列制度文件，包括《内蒙古自治区水权收储转让中心董事会议事规则》《内蒙古自治区水权收储转让中心经理办公会议事规则》《保密制度》《会议管理办法》《办公用品管理办法》《印章管理制度》《公文处理管理制度》《档案管理办法》《业务招待管理办法》《员工守则》《考勤及休假管理办法》《奖惩管理办法》《员工招聘管理办法》《内蒙古自治区水权收储转让中心有限公司风险控制管理办法》等。其中，《内蒙古自治区水权交易管理办法》属于地方制定的规章以下规范性文件，其他交易平台制定的文件则属于普通的公司章程及规定。

2）制度内容合法性评估。《内蒙古自治区水权交易管理办法》和《内蒙古自治区水权收储转让中心董事会议事规则》等对交易平台的定位、运行进行了详细规定。其中，合法性方面争议最大的问题在于自治区水权收储转让中心是一个公司法人，但为何能够成为内蒙古黄河流域水权交易的自治区层面垄断性

交易平台，同时进行水权收储，并且进行相应收费，这是位阶较低的制度构建难以解决的矛盾。自治区水权收储转让中心的定位及合法性，存在一定的疑问。也要看到，《国务院关于全民所有自然资源资产有偿使用制度改革的指导意见》（国发〔2016〕82号）明确规定："鼓励通过依法规范设立的水权交易平台开展水权交易，区域水权交易或者交易量较大的取水权交易应通过水权交易平台公开公平公正进行，充分发挥市场在水资源配置中的作用。"根据该规定，《内蒙古自治区水权交易管理办法》有关"内蒙古自治区水行政主管部门认定的闲置取用水指标、跨盟市水权交易或者交易量超过300万m^3以上的，应当在自治区水权交易平台进行"的规定也具有一定的政策依据。

（2）合理性评估。在水权交易平台方面，由自治区水权收储转让中心作为水权交易平台及收储中心，具有一定的合理性：一方面，设立全自治区统一的平台有利于自治区水利厅对全自治区水权交易进行监管和统筹，统一的交易平台也能更好地促进水权交易的开展及水权交易的规范化。另一方面，利用中国水权交易所交易系统开展交易的制度设计有利于节约成本，具有合理性。与中国水权交易所的合作使内蒙古自治区水权交易平台实现了用户注册、交易申请、发布公告、意向申请、交易撮合、成交签约、价款结算全流程互联网交易的便捷交易模式，利用中国水权交易所现有平台进行最终交易，也节约了交易成本。

（3）协调性评估。协调性既包括与中央政策文件及上位法的协调性，也包括与同位阶制度的协调性。由于规定自治区水权收储转让中心法律地位的制度文件是《内蒙古自治区水权交易管理办法》等规章以下规范性文件，位阶较低，无法真正解决自治区水权收储转让中心的定位问题。自治区水权收储转让中心兼具公、私两重属性，一方面具有公共服务性质及一定的行政职能，垄断性作为内蒙古黄河流域的内蒙古自治区水权交易平台与闲置水指标收储的中心；另一方面具体运行又按公司进行。交易平台自身制定的制度和规则受限于公司主体性质，更不具有普遍规范性效力。因此，关于交易平台的定位在上位法的依据不足，其性质也难以有清晰的定位。

（四）交易程序

1．交易程序的主要制度内容及实践做法

（1）盟市内水权交易。按照《水利部关于内蒙古宁夏黄河干流水权转换试点工作的指导意见》《关于黄河干流水权转换实施意见（试行）》《黄河水权转让管理实施办法》的相关规定，开展盟市内水权转换，程序大致可分为六步：①水权转换双方向自治区水利厅提出书面申请并提交相关材料，包括出让方的取水许可证复印件、水权转换双方签订的意向性协议、水权转换可行性研究报告、建设项目水资源论证报告书、建设项目的（初）可行性研究报告和取水工程的可行性研究报告、拥有初始水权的地方人民政府同意水权转换的文件等。②自治区水利厅对符合水权转换条件的项目受理后，提出初步审查意见并报送黄河水利委员会。③水权转换可行性研究报告和水资源论证报告书在黄河水利委员会批准之日起15个工作日内，转换双方应正式签订水权转换协议、制定水权转换实施方案，并报自治区水利厅和黄河水利委员会备案。水权转换协议应包括：出让方和受让方名称，转换水量、期限、费用及支付方式，双方的权利和义务、违约责任，双方法定代表人或主要负责人签字、盖章以及其他需要说明的事项。④项目法人组织编制节水工程初步设计，并报自治区水利厅审查批准。为水权转换而兴建的节水工程项目，以市场运作为基础，参照国家大中型灌区节水改造工程项目管理办法组织实施。⑤受让方按照自治区水利厅下达的资金到位计划，依据批准的初步设计确定的节水工程建设费用，分期支付到自治区水权转换项目办专用账户，项目办再按照工程的施工进度将节水工程建设费用分期拨付给项目法人。⑥节水工程经验收合格且受让方的工程建设资金全部到位后办理取水许可证，完成水权转换。其中，水权转换节水工程应先于受让方取水工程3个月完工并试运行。

实际工作开展过程中，具体实施的盟市结合本地区水资源管理等情况对交易程序进行了相应细化和完善。如在鄂尔多斯市，按照《黄河水权转让管理实施办法》和《黄河取水许可管理实施细则》相关规定，开展水权转让具体程序分六步：①受让方资格审定。根据企业提交用水申请情况，在符合国家产业政策和地区产业布局的项目中，择优选取作为受让主体。②水权转让审批程序。受让主体经各级水行政主管部门逐步办理用水意见，开展水权转让工程可行性研究和水资源论证报告编制工作，最终由黄河水利委员会审批。③待建项目节水工程可行性研究和水资源论证经黄河水利委员会批复后，用水企业与黄河南岸鄂尔多斯灌区管理局签订黄河干流取水权转让协议，协议转让期限为自节水工程竣工验收之日起25年，工程运行维护费按工程直接费用的2%收取，每5年收取一次。④节水工程通过竣工验收和核验后，企业方可办理相关取水许可手续，水权转让交易完成。⑤水权转让对第三方的影响及补偿措施。黄河南岸灌区水权转让以后，杭锦旗黄河灌溉管理局每年水费收入减少600多万元，导致一部分职工工资不能按时足额发放，单位无法正常运转，灌区工程维修养护无法保证，灌区管理单位的节水积极性不高。针对这一情况，鄂尔多斯市政府制定了灌区管理体制改革方案，在沿黄灌区推行“收支两条线”管理制度，水费按内蒙古自治区核定水价标准足额上缴财政，管理单位运行管理经费纳入市旗两级财政预算管理。⑥取、退水监测评价与监督。一期工程委托鄂尔多斯市水文勘测局对灌区的实际用水量、地下水水位变化等情况进行了测试、分析和

评价，一期工程实测节水量为1.53亿m^3，大于转换水量1.3亿m^3和可研节水量1.41亿m^3。二期工程委托内蒙古水利科学研究院进行节水效果的监测，主要监测内容有渠道水、渠系水改造前后有效利用系数及工程节水量，渠灌改喷灌、渠灌改滴灌、田间节水工程节水效果，种植结构调整前后节水效果。随着节水改造工程的建设，同步建设灌区信息化监测系统，已建设完成42万亩自流灌区的取、退水自动化监控系统，灌区管理单位能够实时监测灌区用水量。二期节水改造工程建成后，同步建设48万亩扬水灌区的自动化监控系统，同时将信息系统接入内蒙古自治区水利厅和黄河水利委员会监控系统，接受上级部门的监督。

2006年以前，鄂尔多斯市水权转换是以"点对点"方式开展的，即一个工业项目的水权转换对应一定规模的节水改造工程，各项目各自开展前期工作和灌区节水改造工程建设。在具体实施过程中，由于各项目前期工作进展不一，其余列入规划的部分项目，由于受到国家产业政策调整的影响，前期工作推进难度较大。而未列入规划的部分项目，符合国家调整后的产业政策，反而有了实质性进展。而且由于工程位置、内容及难易程度不同，导致节水效果不同、单方水转让费用差异过大，也不利于各节水项目的衔接。在总结经验的基础上，从一期工程后期开始，鄂尔多斯市政府提出了采取点对面实施，即用水企业只负责缴纳水权转让费用，节水工程由鄂尔多斯市水权转换工程建设管理处统一规划、分年度实施，统一水权转换单方水价格；对所配置水指标跟踪管理，及时调整闲置水指标。

(2) 盟市间水权交易。2014年出台的《内蒙古自治区盟市间黄河干流水权转让试点实施意见（试行）》对实施盟市间水权交易的程序进行了具体规定：内蒙古水务投资集团是项目实施的管理主体，在自治区水利厅指导下负责项目前期工作、资金筹措和监督管理等。巴彦淖尔市水务局为项目实施主体，履行项目业主相关职责。前期工作审批权限及程序按国家和内蒙古自治区现行规定执行。具体审批程序为：①用水企业向所在盟市水行政主管部门提出水权转让申请，经审核同意后，由盟市出具同意水权转让的文件；②自治区水利厅审核同意用水企业水权转让申请后，出具同意开展前期工作的文件，用水企业组织开展建设项目相关前期工作和申报材料准备工作；③材料准备齐全后，用水企业向自治区水利厅提出要求审查的书面申请，由自治区水利厅初审后报黄河水利委员会审批；④水资源论证报告书和水权转让可行性研究报告批复后15日内，水权转让出让方、受让方和内蒙古水务投资集团签订水权转让协议。水权转让协议应包括：转让协议各方的名称，转让水量、期限、费用及支付方式，三方的权利和义务、违约责任，三方法定代表人和主要负责人签字、盖章以及其他需要说明的事项；⑤节水工程通过验收和核验后，由有管理权的水行政主管部门发放取水许可证。

盟市间水权交易实际工作开展过程中，签署水权转让合同书的三方分别是内蒙古河套灌区管理总局（巴彦淖尔市水务局）、受让方和自治区水权收储转让中心。

具体实施过程中，在黄河流域层面，黄河水利委员会在审批权限和程序方面要求更加严格：①提出水权转换的申请。水权转换的双方共同提出申请，并提交取水许可复印件、水权转换双方签订的水权转换协议、建设项目水资源论证报告书、黄河水权转换可行性研究报告、拥有初始水权的一方出具的水权转换承诺意见、其他的相关文件和材料。②水权转换受理申请。水权转换申请由所在省区水利厅受理，提出初审意见，行文报黄河水利委员会。③水权转换的审查和批复。黄河水利委员会组织有关部门和专家对省区报送的建设项目水权转换可行性研究报告和水资源论证报告书进行审查，出具审查意见，审查通过的正式行文批复。④受让水权的项目业主单位向具有管理权限的黄河水利委员会或地方水行政主管部门提出取水许可的申请。⑤根据黄河水利委员会批复意见和已审批的取水许可申请，受让水权的项目业主单位向具有管理权限的发展计划主管部门报请项目核准和审批，签订水权转换协议书，制定水权转换实施方案。⑥组织开展节水工程建设。⑦节水工程验收和核验。

试点探索过程中，内蒙古自治区统筹配置黄河水资源，统筹生活、生产、生态用水。试点采用“点对面”的方式，即统一组织进行前期工作和工程建设，统一水权转让单方水价格，综合考虑项目核准进度、资金到位情况与工程节水量，虚拟划分企业水权转让所对应的地块或水工建筑物。内蒙古自治区根据各盟市转让进度、指标使用情况等，在内蒙古黄河流域内统筹配置盟市间水权转让指标。盟市人民政府将自治区分配的指标，配置给用水企业，若用水企业不能按规定履责，自治区收回其转让指标并通过市场化方式重新配置。

（3）最新规定。随着可交易水权、交易主体和交易类型的丰富，最新出台的《内蒙古自治区水权交易管理办法》对开展水权交易的程序进行了进一步的明确。按照该办法，因水权交易类型、交易量等的不同，水权交易程序相应地分为通过平台进行交易和不通过平台直接进行交易两种情况。

1）通过平台进行交易。《内蒙古自治区水权交易管理办法》规定，内蒙古自治区水行政主管部门认定的闲置取用水指标、跨盟市水权交易或者交易量超过 300 万 m^3 以上的，应当在内蒙古自治区水权交易平台进行。自治区水权收储转让中心也相应地制定了交易程序，如图 2-2 所示。受让方为闲置取用水指标的原持有人，可以优先回购其闲置取用水指标。当同一水权交易标的只有一个符合条件的意向受让方时，由水权交易平台组织双方协商交易费用，以协议转让的方式进行交易；当同一水权交易标的有两个及以上符合条件的意向受

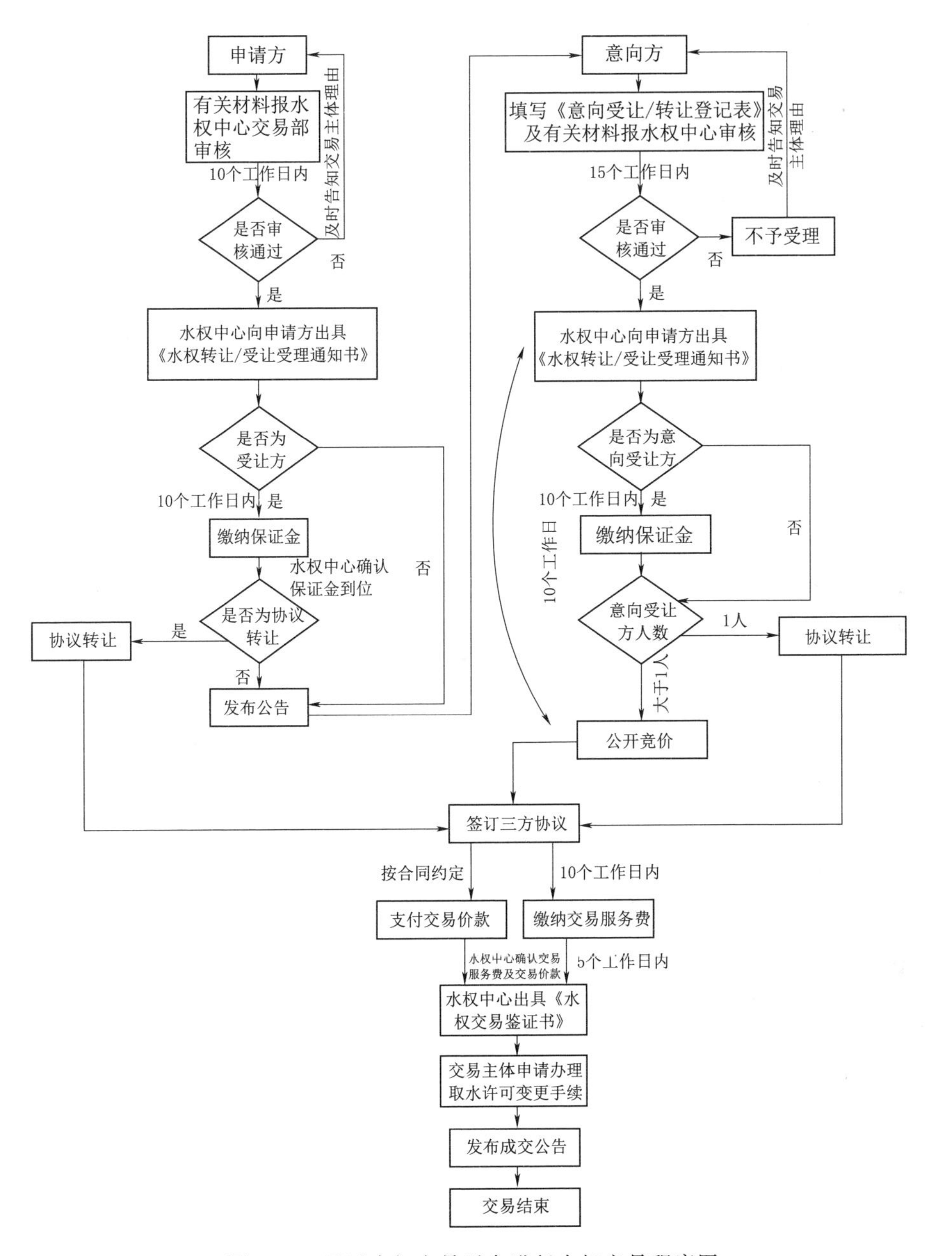

图 2-2 通过水权交易平台进行水权交易程序图

让方时，由水权交易平台组织受让方以公开竞价的方式进行交易；也可以以符合相关法律、法规、规章规定的其他方式进行交易。水权交易平台确认水权交易符合相关法律、法规、规章规定的，应当与转让方、受让方签订三方协议，明确水权交易的项目名称、地理位置、水源类型、水量、水质、费用、用途等，并及时书面告知有管理权限的水行政主管部门。水权交易合同签订后，受让方应当按照合同约定结算价款。

为促进水资源集约高效利用，依法规范水市场行为，有效处置和利用闲置取用水指标，内蒙古自治区先后两次收回了0.2亿m^3和0.415亿m^3闲置取用水指标，并通过水权交易平台进行市场化交易。闲置水指标的处置程序分三步进行：①自治区水权收储转让中心依据有关文件解除水权合同；②自治区水利厅收回闲置水指标；③再通过水权交易平台进行交易。其中，0.2亿m^3闲置水指标通过中国水权交易所进行公开交易，0.415亿m^3闲置取用水指标通过自治区水权收储转让中心交易平台进行协议转让。通过闲置取用水指标的重新配置，最终水指标配置情况为：鄂尔多斯市0.797亿m^3、阿拉善盟0.173亿m^3、乌海市0.23亿m^3。

2）不通过平台直接进行交易。《内蒙古自治区水权交易管理办法》提出水权交易一般应当通过水权交易平台进行，也可以在转让方与受让方之间直接进行。但该办法对直接开展交易的程序没有进行进一步的规定。当水权转让方和受让方直接进行交易时，其交易程序可以按照自治区水权收储转让中心未成立之前的规定程序进行，即盟市内水权转换阶段的水权交易程序。

2. 交易程序制度评估

（1）合法性评估。水权交易程序主要是通过《内蒙古自治区水权交易管理办法》等制度规定，《内蒙古自治区水权交易管理办法》属于地方制定的规章以下规范性文件。水利部《水权交易管理暂行办法》第30条规定："各省、自治区、直辖市可以根据本办法和本行政区域实际情况制定具体实施办法。"根据该规定，内蒙古自治区通过规范性文件对水权交易程序进行规定，具有合法性依据。不过，由于交易平台自身的法律性质、闲置取用水指标等能否作为可交易水权等缺少上位法依据，导致与之相关的交易程序的合法性存在一定欠缺。

（2）合理性评估。综合内蒙古黄河流域的水权交易发展历程，从2003年探索盟市内水权交易开始，在国家缺乏相关水权交易程序规定的情况下，内蒙古自治区在黄河水利委员会的指导下，结合自身交易实际，明确了水权交易的主要程序、步骤和相关要求；鄂尔多斯、巴彦淖尔等盟市也开展了相关制度建设，进一步细化完善了盟市内水权交易程序，确保了盟市内水权交易的顺利实施。尤其是鄂尔多斯市注重从实际出发，在实施过程中，从一开始的"点对点"到后来的"点对面"，完善了水权交易程序，促进了交易的有序推进。盟市内交易程序总体上结合黄河流域水资源管理涉及流域和区域双重管理的特点，比较好地衔接了相关审批权限和程序。

探索开展盟市间水权交易过程中，内蒙古自治区又从盟市间水权交易涉及

多个区域、多个主体、多个环节等实际情况出发，探索了盟市间水权交易顺利推进的主要程序、步骤和相关要求，特别是依托自治区水权收储转让中心开展盟市间水权交易，签署三方协议，有效促进了交易的有序推进。配套出台的《内蒙古自治区水权转换节水改造建设资金管理办法》等政策文件，有效保证了灌区节水改造的顺利推进，丰富和完善了水权转换的规章制度，使其更具有可操作性。

在《内蒙古自治区水权交易管理办法》中，内蒙古自治区从水权交易市场培育和充分发挥自治区水权收储转让中心功能和作用的角度出发，重点对平台交易程序进行了规定，为确保交易平台的顺利运作提供了重要依据。自治区水权收储转让中心在《内蒙古自治区水权交易管理办法》的基础上，制定了《内蒙古自治区水权交易规则（试行）》，进一步细化了水权交易的操作流程，为今后顺利开展水权交易提供了重要支撑。

辩证地看，盟市内交易程序和盟市间交易程序是在当时的历史条件下制定的，具有其客观合理性。但是也要看到，当时的交易程序更多依靠政府主导力量，对于市场机制的发挥考虑还是不够充分。在这方面，后来出台的《内蒙古自治区水权交易管理办法》进行了弥补，实践中也在注重更多运用市场机制的方式开展水权交易。今后伴随着水权交易市场深度和广度的拓展，相应的交易程序及时加以完善即可。

（五）交易价格

1. 交易价格的主要制度内容及实践做法

（1）盟市内水权交易。对于盟市内水权交易，《水利部关于内蒙古宁夏黄河干流水权转换试点工作的指导意见》《黄河水权转让管理实施办法》均提出，水权交易价格为：水权交易总费用/（水权交易期限×年交易水量），且水权交易总费用包括水权交易成本和合理收益。涉及节水改造工程的水权交易，其交易总费用应涵盖：①节水工程建设费用，包括灌溉渠系的防渗砌护工程、配套建筑物、末级渠系节水工程、量水设施、设备等新增费用；②节水工程的运行维护费，指上述新增工程的岁修及日常维护费用；③节水工程的更新改造费用，指当节水工程的设计使用期限短于水权转换期限时所必须增加的费用；④因不同用水保证率而带来的风险补偿费用；⑤必要的经济利益补偿和生态补偿费用等。《水利部关于水权转让的若干意见》明确，水权交易费应在水行政主管部门或流域管理机构引导下，各方平等协商确定，其最低限额不低于对占用的等量水源和相关工程设施进行等效替代的费用。

已开展的盟市内水权交易费用主要是通过计算节水工程建设、运行维护、更新改造费用得到的。鄂尔多斯市一期水权交易工程建设初期，水权交易通过

"点对点"方式实施，单方水直接交易价格为4.3～6.76元。自2007年开始，由鄂尔多斯市政府通过"点对面"方式统一实施水权交易，一期水权交易工程剩余水量单方交易价格为6.18元。二期水权交易工程单方水交易价格达到17.04元。

（2）盟市间水权交易。对于盟市间灌区与工业企业间的交易，《内蒙古自治区盟市间黄河干流水权转让试点实施意见（试行）》规定，水权交易费用包括：①节水工程建设费用。按照水利部现行灌区节水工程规范计算，包括节水工程技术改造、节水主体工程及配套工程、量水设施等直接费用和间接费用。用水企业转让费用按转让水量乘单方水工程建设造价计算。②节水工程和量水设施的运行维护费用。在转让期限内每年按节水工程造价的2%计算，并由受让方支付。③节水工程的更新改造费用（指节水工程的设计使用期限短于水权转让期限时需重新建设的费用）。④工业供水因保证率较高致使农业损失的补偿费用。⑤必要的经济利益补偿和生态补偿费用。生态补偿费用应包括对灌区地下水及生态环境监测评估和必要的生态补偿及修复等费用。⑥依照国家规定的其他费用。《内蒙古自治区水权交易管理办法》在沿用有关表述的基础上，规定交易费用还应包括财务费用和应当缴纳的税费。另外，《内蒙古自治区水权交易管理办法》规定，当同一水权交易标的只有一个符合条件的意向受让方时，由水权交易平台组织双方协商交易费用，以协议转让的方式进行交易；当同一水权交易标的有两个及以上符合条件的意向受让方时，由水权交易平台组织受让方以公开竞价的方式进行交易。

盟市间水权交易一期试点是通过鄂尔多斯市、乌海市和阿拉善盟的工业企业向河套灌区沈乌灌域投资节水改造工程的方式开展的。交易流程是相关地方人民政府先提出交易方案，经自治区水利厅审查、自治区政府批准，黄河水利委员会备案和自治区主席办公会议研究讨论后，最终确定可交易水权的受让方。根据黄河水利委员会批复的《内蒙古黄河干流水权盟市间转让河套灌区沈乌灌域试点工程可行性研究报告》和《内蒙古自治区水利厅关于〈内蒙古黄河干流水权盟市间转让试点工程初步设计报告〉的批复》，按照计算公式：水权转换总费用/(水权转换期限×年转换量)，确定水权转让价格为1.03元/(m^3·a)（交易期限25年）。

（3）闲置水指标交易。对于闲置水指标交易，《内蒙古自治区闲置取用水指标处置实施办法》规定，闲置水指标收储后，按现行水权转让项目单方水价格进行交易，获得闲置水指标的使用权法人需支付运行管理费。收储交易需缴纳收储交易费，费用标准另行制定。《内蒙古自治区水权交易管理办法》进一步明确，灌区水权转让项目闲置取用水指标收储费用包括：①灌区节水改造工程建设费用和更新改造费用，按原水权转让合同约定的节水改造单位投资价格

进行收储，并按取用水时间比例返还原受让方，不计利息。②已预付的运行维护费，按取用水时间比例返还原受让方，不计利息。③其他水权收储的费用。灌区水权再转让的，按原水权转让合同约定的灌区节水改造单方水年投资价格和剩余的水权转让期限进行。原运行维护费收取方应将扣除已运行期限运行维护费后，剩余的返还给原受让方，不计利息。其他水权再转让的费用，由双方协商确定。

2016年11月，内蒙古自治区开展了0.2亿m^3/a闲置取用水指标收回和交易工作，通过中国水权交易所公开挂牌，与鄂尔多斯、乌海、阿拉善三个盟市的5家企业达成交易意向。该闲置水指标价格按现行水权交易项目单方水价格确定，为1.03元/($m^3 \cdot a$)。经交易双方协商确定，受让方首付款为15元/m^3。

2. 交易价格制度评估

（1）合法性评估。

1）制度制定权限合法性评估。内蒙古黄河流域交易价格制度体现在《水利部关于内蒙古宁夏黄河干流水权转换试点工作的指导意见》《黄河水权转让管理实施办法》《内蒙古自治区水权交易管理办法》等一系列制度之中，均属于地方制定的规章以下的规范性文件。

2）制度内容合法性评估。关于交易价格的规定是内蒙古自治区水权交易制度的创新之一，价格的形成在上位法中没有明确的计算方法。其中，关于盟市间水权交易的价格形成和计算，有黄河水利委员会批复的《内蒙古黄河干流水权盟市间转让河套灌区沈乌灌域试点工程可行性研究报告》作为依据，具有较充分的合法性。其他交易价格的计算，尤其是闲置水指标的计算，是内蒙古自治区在自身实践中探索总结的，但由于闲置水指标的交易本身缺少上位法依据，因此，交易价格的计算也缺少上位法依据。

（2）合理性评估。在水权交易价格形成方面，内蒙古自治区区分了三种主要的类型：

1）盟市内的水权交易价格。交易价格包括：节水工程建设费用，节水工程的运行维护费用，节水工程的更新改造费用，因不同用水保证率而带来的风险补偿费用，必要的经济利益补偿和生态补偿费用等。

2）盟市间的水权交易价格。交易价格包括：节水工程建设费用，节水工程和量水设施的运行维护费用，节水工程的更新改造费用（指节水工程的设计使用期限短于水权转让期限时需重新建设的费用），工业供水因保证率较高致使农业损失的补偿费用，必要的经济利益补偿和生态补偿费用等。

3）闲置取用水指标的水权交易价格。交易价格包括：灌区节水改造工程建设费用和更新改造费用，已预付的运行维护费用等。

上述交易价格较为充分合理地考虑了水权的成本和双方可接受的因素，具有较强的合理性。

(3) 协调性评估。协调性既包括与中央政策文件及上位法的协调性，也包括与同位阶制度的协调性。在三种类型的水权交易价格中，关于盟市间水权交易的价格形成和计算，有黄河水利委员会批复的《内蒙古黄河干流水权盟市间转让河套灌区沈乌灌域试点工程可行性研究报告》作为依据，因此与上位法具有较好的协调性；其他两种交易价格的计算，尤其是闲置水指标水权交易价格的计算，由于缺少上位法依据使得协调性欠缺。在同位阶制度的协调性方面，三种类型的水权交易价格均具有较好的协调性。

(六) 交易期限

1. 交易期限的主要制度内容及实践做法

(1) 盟市内水权交易。对于盟市内水权交易的交易期限，《水利部关于内蒙古宁夏黄河干流水权转换试点工作的指导意见》要求，水权转换的期限要与国家和内蒙古自治区的国民经济和社会发展规划相适应，要综合考虑节水工程设施的使用年限和受水工程设施的运行年限，兼顾供求双方的利益，合理确定水权转换期限。水权转换期满，受让方需要继续取水的，应重新办理转换手续；受让方不再取水的，水权返还出让方，并由出让方办理相应的取水许可手续。《水利部关于水权转让的若干意见》提出，要根据水资源管理和配置的要求，综合考虑与水权转让相关的水工程使用年限和需水项目的使用年限，兼顾供求双方利益，对水权转让的年限提出要求，并依据取水许可管理的有关规定，进行审查复核。《黄河水权转让管理实施办法》规定，水权转让期限要兼顾水权转让双方的利益，综合考虑节水主体工程使用年限和受让方主体工程更新改造的年限，以及黄河水市场和水资源配置的变化，黄河水权转让期限原则上不超过 25 年。水权转让期满，受让方需继续取水的，应重新办理水权转让手续。受让方不再取水的，水权返还出让方，取水许可审批机关重新调整出让方取水许可水量。实践中，鄂尔多斯市的用水企业与黄河南岸灌区间的水权交易期限为自节水工程竣工验收之日起 25 年。

(2) 盟市间水权交易。对于盟市间水权交易的交易期限，《内蒙古自治区盟市间黄河干流水权转让试点实施意见（试行）》明确，水权转让期限原则上不超过 25 年；《内蒙古自治区水权交易管理办法》明确，水权交易期限应当综合考虑水权来源、产业生命周期、水工程使用期限等因素合理确定，原则上不超过 25 年。灌区向企业水权转让期限自节水工程核验之日起计算，其他水权交易期限参照灌区水权转让期限确定。再次交易的，水权交易期限不得超过该水权的剩余期限。实践中，2016 年内蒙古河套灌区与鄂尔多斯市、乌海市、阿拉善盟开展了第一期盟市间水权交易，交易期限自灌区节水工程核验通过之日起计算，共 25 年。

(3) 闲置取用水指标交易。对于闲置取用水指标交易的交易期限并未有明确规定，实践中主要参考了《内蒙古自治区水权交易管理办法》对期限的要求。2016 年内蒙古自治区水利厅将盟市间水权交易过程中未履行合同的企业的 2000 万 m^3 闲置水指标收回，由自治区水权收储转让中心通过中国水权交易所公开交易，与 5 家单位成功签约，交易期限均为 25 年。

2. 交易期限制度评估

交易期限在内蒙古黄河流域水权交易中均为 25 年及以内，在合理性上符合节水工程建设与改造的周期及投入产出规律，也经受住了实践的检验。交易期限的制度设计比较合理。在合法性评估上，交易期限这一要素未在上位法作为强制性条款进行规定，水利部《水权交易管理暂行办法》仅规定了交易平台应当公告水权交易的期限等重要事项，因此，内蒙古自治区根据实际情况对交易期限进行符合自身的设定没有违反上位法。

(七) 交易监管

1. 交易监管的制度内容及实践做法

(1) 盟市内水权交易。对于盟市内水权交易，《水利部关于内蒙古宁夏黄河干流水权转换试点工作的指导意见》要求，黄河水利委员会要加强黄河取水总量控制，加强对内蒙古自治区水权转换工作的指导，严格审查自治区水权转换总体规划并监督实施；按照管理权限和程序，积极稳妥地推进水权转换工作。内蒙古自治区要尽快明晰初始水权，编制自治区水权转换总体规划，并报黄河水利委员会审查；要加强项目审批和资金管理，确保水权转换资金的专款专用，并切实保障水权转换所涉及的农民利益；要成立水权转换工作领导小组和办事机构，负责当地水权转换工作的协调、管理，并及时协调处理在转换期内发生的涉及水权转换双方利益的问题。

《水利部关于水权转让的若干意见》要求，水行政主管部门或流域管理机构应对水权转让进行引导、服务、管理和监督，积极向社会提供信息，组织进行可行性研究和相关论证，对转让双方达成的协议及时向社会公示。对涉及公共利益、生态环境或第三方利益的，水行政主管部门或流域管理机构应当向社会公告并举行听证。

《黄河水权转让管理实施办法》规定，自治区水利厅负责水权转让节水工程的设计审查，组织或监督节水工程的招投标和建设，督促节水工程建设资金的到位，监督资金的使用情况，并负责节水工程的竣工验收。黄河水利委员会会同自治区水利厅对节水工程组织核验。水权转让其他费用由自治区水利厅制定相关办法，并监督落实到位。在水权转让有效期内，受让方不得擅自改变取水标的。节水工程核验通过一年后将节水工程运行一年来的节水效果和监测评价报告报送黄河水利委员会和省区水利厅。黄河水利委员会及其所属有关管理机构和省区有关地方水行政主管部门，应对黄河水权转让项目的实施情况进行监督检查。

（2）盟市间水权交易。对于盟市间水权交易，《内蒙古自治区盟市间黄河干流水权转让试点实施意见（试行）》明确，实行水权转让地区的各级人民政府及水行政主管部门要加强领导，明确职责，正确引导水权转让工作，及时总结经验，切实做好水权转让的组织实施和监督管理。水权转让受让方作为节水工程建设的出资单位，有权对工程的招投标、进度质量和资金管理使用进行监督检查，并可随时提出改进意见。节水工程竣工后，由黄河水利委员会会同自治区水利厅组织水权转让有关单位进行验收。在水权转让有效期内，受让方不得擅自改变取水用途和取水标的。节水工程实施过程中，受让方如发生资金不按计划到位的情况，出让方和实施方可中止水权转让工作。受让方不按要求支付运行维护费或其他费用的，责令其停止取水；情节严重的，依照《中华人民共和国水法》和国务院《取水许可和水资源费征收管理条例》相关规定处理。水权转让节水改造工程质量监督单位为内蒙古水利工程质量监督站。参建各方及监理单位要严格按照国家和内蒙古自治区相关规定，建立工程质量监管、监督、跟踪和责任追究等机制，确保工程质量。

在水权交易监管实践方面，一是成立水权交易领导工作机构。内蒙古自治区人民政府成立了自治区、盟市、旗县三级水权转换领导工作机构，同时各级政府分管领导负总责，亲自抓。二是明确节水项目管理和实施主体。项目的实施管理主体为内蒙古水务投资集团，经内蒙古自治区人民政府 2013 年第 9 次主席办公会议批准成立自治区水权收储转让中心，在内蒙古自治区水利厅指导下自治区水权收储转让中心负责项目前期工作、资金筹措，监督检查水权转让节水改造工程的实施。项目的实施主体是内蒙古河套灌区管理总局，负责项目的具体实施。三是落实斗渠以下监管主体。斗渠以下工程建设全部交由旗县人民政府组织实施。河套灌区管理总局负责监督并起草相关的实施办法，征求有关方面意见后交由水权转让领导小组会议审议施行；内蒙古自治区水利工程建设质量与安全监督中心站负责骨干工程质量监督工作，田间工程质量监督工作由巴彦淖尔市水利工程质量监督站负责。各苏木镇、国有农场成立由主要负责人任组长的黄河干流水权盟市间转让试点工程田间工程建设领导小组，负责水权转让田间工程的实施、组织、协调、监督、检查等工作。节水工程所在旗县人民政府组建专门的工作组，负责配合水权转让工程项目前期现场调查、方案落实，以及田间工程建设时段安排、占地协调、土地整合划分、社会矛盾处理等相关工作。四是做好节水工程运行维护监管。河套灌区管理总局下设七大管

理局，其中乌兰布和灌域管理局负责一期项目区的支渠及以上工程的运行管理维护；二期项目由复兴灌域管理局和长济灌域管理局负责管理维护；三期项目由总干渠管理局负责管理维护。河套灌区现有217个农民用水者协会，基本覆盖全部项目区，负责田间灌溉用水、水费计收和斗渠以下工程的运行维护管理。五是对合同履行进行监督管理。对于没有按照规定履行合同的用水企业，自治区水权收储转让中心在前期通过各种方式催缴资金仍未有效的情况下，各盟市水务局、自治区水利厅采取发函、组织会议面谈等形式催缴，经多次反复催缴无效的受让方，自治区水权收储转让中心与其解除合同，自治区水利厅依据《内蒙古自治区闲置取用水指标处置实施办法》对闲置水指标进行处置。六是开展风险防控。自治区水权收储转让中心设立了风险防控部，聘用专业人员负责交易平台风险防控制度建设、法律纠纷处理、突发事件应急处置等风险防控工作，并制定了《内蒙古自治区水权收储转让中心有限公司风险控制管理办法》。七是开展节水计量跟踪监测，2015年共布设引水监测点31处、排水监测点4处，并开展了测流桥维修和补充新建工作。

（3）闲置取用水指标交易。对于闲置取用水指标交易，《内蒙古自治区闲置取用水指标处置实施办法》规定，闲置取用水指标的认定和处置的实施主体为旗县级以上水行政主管部门。上一级水行政主管部门负责对下一级水行政主管部门闲置水指标的认定和处置工作进行监督。在形成闲置水指标6个月内没有认定及处置的，上一级水行政主管部门有权对该闲置水指标收回并统筹配置。经内蒙古自治区水行政主管部门认定和处置的闲置水指标必须通过自治区水权收储转让中心交易平台进行转让交易。

（4）最新规定。《内蒙古自治区水权交易管理办法》规定，内蒙古自治区水行政主管部门负责全区水权交易的监督管理。盟市、旗县（市、区）水行政主管部门按照各自管辖范围及管理权限，对水权交易进行监督管理。其他有关行政主管部门按照各自职责权限，负责水权交易的有关监督管理工作。水权交易平台确认水权交易符合相关法律、法规、规章规定的，应当与转让方、受让方签订三方协议，明确水权交易的项目名称、地理位置、水源类型、水量、水质、费用、用途等，并及时书面告知有管理权限的水行政主管部门。旗县级以上地方人民政府水行政主管部门应当按照管理权限加强对水权交易实施情况的跟踪管理，加强对相关区域的农业灌溉用水、地下水、水生态环境等变化情况的监测，并适时组织开展水权交易的后评估工作。有关部门对水权交易行为进行监督管理。属于城乡居民生活用水、生态用水转变为工业用水的，水资源用途变更可能对第三方或者社会公共利益产生重大损害的，地下水超采区范围内的取用水指标，法律、法规规定的其他情形之一的，不得开展水权交易。旗县级以上地方人民政府水行政主管部门应当逐步建立和完善水权交易管理制度和风险防控机制。

2. 交易监管制度评估

(1) 合法性评估。水权交易的监管制度主要规定于《内蒙古自治区水权交易管理办法》《内蒙古自治区盟市间黄河干流水权转让试点实施意见（试行）》等文件之中。

《内蒙古自治区水权交易管理办法》关于交易监管规定了以下几点重要内容：①旗县级以上地方人民政府水行政主管部门应当按照管理权限加强对水权交易实施情况的跟踪管理，加强对相关区域的农业灌溉用水、地下水、水生态环境等变化情况的监测，并适时组织开展水权交易的后评估工作。②交易完成后，转让方和受让方应当按照取水许可管理的相关规定申请办理取水许可变更等手续。③规定了针对城乡居民生活用水、生态用水转变为工业用水等情形不得开展水权交易。④水权交易各方在水权交易中弄虚作假、恶意串通、扰乱交易活动，或者未按该办法规定进行水权交易的，水行政主管部门有权暂停水权交易活动；造成损害的，应当依法承担相应责任。⑤明确了水权交易平台收储水权并交易的，水权交易的损益归水权交易平台所有。⑥明确了旗县级以上地方人民政府水行政主管部门应当逐步建立和完善水权交易管理制度和风险防控机制。

《内蒙古自治区盟市间黄河干流水权转让试点实施意见（试行）》规定了不同主体的监督责任：①实行水权转让地区的各级人民政府及水行政主管部门要加强领导，明确职责，正确引导水权转让工作，及时总结经验，切实做好水权转让的组织实施和监督管理。②水权转让节水工程项目法人负责组织实施节水工程，按规定时间和质量要求完成工程建设，并对工程的寿命期负责。③水权转让受让方作为节水工程建设的出资单位，有权对工程的招投标、进度质量和资金管理使用进行监督检查，并可随时提出改进意见。④节水工程竣工后，由黄河水利委员会会同自治区水利厅组织水权转让有关单位进行验收。验收合格后，水权转让双方同时办理或变更取水许可相关手续；节水工程由于质量问题未能通过验收的，节水工程项目法人应及时补救或负责赔偿受让方经济损失。⑤在水权转让有效期内，受让方不得擅自改变取水用途和取水标的。⑥节水工程实施过程中，受让方如发生资金不按计划到位的情况，出让方和实施方可中止水权转让工作，受让方不按要求支付运行维护费或其他费用的，责令其停止取水；情节严重的，依照《中华人民共和国水法》和国务院《取水许可和水资源费征收管理条例》相关规定处理。⑦属于下列情形的，内蒙古自治区将收回盟市内和盟市间水权转让指标：交由内蒙古水务投资集团进行交易签订水权转让协议后 3 个月内节水工程建设资金没有足额到位的，水资源论证报告书批复超过 3 年（36 个月）尚未使用水权转让水指标的，不按规定缴纳节水工

程运行维护费、更新改造费等应由受让方缴纳的费用的，用水项目不符合产业准入条件或内蒙古自治区相关要求的。⑧水权转让节水改造工程质量监督单位为内蒙古水利工程质量监督站，参建各方及监理单位要严格按照国家和内蒙古自治区相关规定，建立工程质量监管、监督、跟踪和责任追究等机制，确保工程质量。⑨在水权转让工作中弄虚作假、徇私舞弊、玩忽职守的，根据有关规定追究相关人员的责任；构成犯罪的，依法追究刑事责任。

上述交易监管的制度内容中，《内蒙古自治区水权交易管理办法》关于旗县级以上地方人民政府水行政主管部门应当按照管理权限加强对水权交易实施情况的跟踪管理等职能；交易完成后，转让方和受让方应当按照取水许可管理的相关规定申请办理取水许可变更等手续；水权交易各方在水权交易中弄虚作假、恶意串通、扰乱交易活动，或者未按本办法规定进行水权交易的，水行政主管部门有权暂停水权交易活动，造成损害的，应当依法承担相应责任；旗县级以上地方人民政府水行政主管部门应当逐步建立和完善水权交易管理制度和风险防控机制等制度内容与水利部《水权交易管理暂行规定》的内容一致，具有合法性。《内蒙古自治区水权交易管理办法》关于城乡居民生活用水、生态用水转变为工业用水等情形不得开展水权交易；水权交易平台收储水权并交易的，水权交易的损益归水权交易平台所有等制度内容，上位法并无规定。

《内蒙古自治区盟市间黄河干流水权转让试点实施意见（试行）》关于法律责任的规定基本符合上位法的要求，其中关于内蒙古自治区收回盟市内和盟市间水权转让指标的情形进行了创造性规定：交由内蒙古水务投资集团进行交易签订水权转让协议后3个月内节水工程建设资金没有足额到位的，水资源论证报告书批复超过3年（36个月）尚未使用水权转让水指标的，不按规定缴纳节水工程运行维护费、更新改造费等应由受让方缴纳的费用的，用水项目不符合产业准入条件或内蒙古自治区相关要求的。

（2）合理性评估。总体来看，交易监管的制度内容是对上位法关于交易监管内容的具体化，并且很多内容体现了内蒙古黄河流域水权交易的特色与经验。

上述交易管理与监督责任在当时管理体制和执法环境下基本体现了公平、公正原则，但是也存在以下不足：

1）部分条款处罚力度偏轻。如制度规定“水资源论证报告书批复超过3年（36个月）尚未使用水权转让水指标的”可以收回，在内蒙古自治区严重缺水的情形下，3年闲置水指标时间过长，不符合比例原则。

2）部分条款规定不清晰。如制度规定“实行水权转让地区的各级人民政府及水行政主管部门要加强领导，明确职责”，但现实中各级政府及相关部门在水权交易中的职责并不明确。又如《内蒙古自治区水权交易管理办法》规定水权交易各方在水权交易中弄虚作假、恶意串通、扰乱交易活动，或者未按该办法规定进行水权交易的，水行政主管部门有权暂停水权交易活动，造成损害的，应当依法承担相应责任，但相应的责任并不明确。

3）在交易监管方面，需进一步健全水资源用途管制制度，完善针对交易准入、平台和资金等重要水市场要素的监管制度。

（八）第三方及公共利益影响与补偿

1. 第三方及公共利益影响与补偿的主要制度内容

（1）盟市内水权交易。对于盟市内水权交易，《水利部关于内蒙古宁夏黄河干流水权转换试点工作的指导意见》提出，水权交易要切实保障农民及第三方合法权益，保护生态环境。水权交易总费用要综合考虑必要的经济利益补偿与生态补偿。《水利部关于水权转让的若干意见》要求，因转让对第三方造成损失或影响的必须给予合理的经济利益补偿。对公共利益、生态环境或第三者利益可能造成重大影响的不得转让。水权转让费的确定应考虑生态环境和第三方利益的补偿。《黄河水权转让管理实施办法》规定，要切实保障水权转让所涉及的第三方的合法权益，保护生态环境。水权转让总费用应包括必要的经济利益补偿和生态补偿费用。

（2）盟市间水权交易。对于盟市间水权交易，《内蒙古自治区盟市间黄河干流水权转让试点实施意见（试行）》要求，切实保障水权转让所涉及的各方的合法权益，保护生态环境。水权转让费用包括必要的经济利益补偿和生态补偿费用。生态补偿费用应包括对灌区地下水及生态环境监测评估和必要的生态补偿及修复等费用。《内蒙古自治区水权交易管理办法》规定，灌区向企业水权转让的节水改造相关费用应包括工业供水因保证率较高致使农业损失的补偿费用，必要的经济利益补偿和生态补偿费用。

（3）闲置取用水指标交易。对于闲置取用水指标交易，由于其基本不涉及第三方及公共利益影响与补偿，尚未有明确的关于补偿的制度规定。

2. 第三方及公共利益影响与补偿制度评估

（1）合法性评估。第三方及公共利益影响与补偿是水权交易制度的重要内容，如果水权交易制度缺少这一部分内容，将存在制度设计的重大缺陷。水利部《水权交易管理暂行办法》第5条明确规定了水权交易的原则之一是“不得影响公共利益或利害关系人合法权益”，因此，第三方及公共利益影响与补偿是水权交易必须考虑的内容。在内蒙古黄河流域水权交易制度中，《内蒙古自治区水权交易管理办法》《水利部关于内蒙古宁夏黄河干流水权转换试点工作的指导意见》《内蒙古自治区盟市间黄河干流水权转让试点实施意见（试行）》等制度均将第三方及公共利益影响与补偿放在重要位置，体现了水权交易对第

三方及公共利益的重视，具有合法性。

（2）合理性评估。《内蒙古自治区水权交易管理办法》《水利部关于内蒙古宁夏黄河干流水权转换试点工作的指导意见》《内蒙古自治区盟市间黄河干流水权转让试点实施意见（试行）》等制度均规定了第三方及公共利益影响与补偿制度，且补偿的原则基本合理，如《黄河水权转让管理实施办法》规定，要切实保障水权转让所涉及的第三方的合法权益，保护生态环境，水权转让总费用应包括必要的经济利益补偿和生态补偿费用。但现实中的重要问题在于，如何明确第三方或公共利益的补偿标准和计算方法，尤其是涉及公共利益时，谁来代表公共利益、公益利益的损失如何量化，都是重要的问题。这些问题需要在实践中进一步细化与合理化。

（九）制度整体内容的规范性与实效性评估

1. 规范性评估

（1）概念界定规范性评估。总体而言，《内蒙古自治区水权交易管理办法》立法语言规范，关键词表述明确、易懂。如"水权交易平台""闲置取用水指标""水权交易的损益"等词语表达准确、凝练。《内蒙古自治区盟市间黄河干流水权转让试点实施意见（试行）》由于是实施意见，并不是严格意义的立法，因此在概念表述方面不如《内蒙古自治区水权交易管理办法》严谨。其他制度文件均与《内蒙古自治区盟市间黄河干流水权转让试点实施意见（试行）》类似，规范性程度需要进一步加强。

（2）语言表述规范性评估。《内蒙古自治区水权交易管理办法》语言表述明晰，基本不存在直接照抄，重复上位法的情况，而是以准用性规则的模式援引其他法律规范，使表达更为简洁。《内蒙古自治区盟市间黄河干流水权转让试点实施意见（试行）》等其他制度文件也符合政策性文件的表达要求。

（3）形式结构规范性评估。《规章制定程序条例》规定，规章的名称一般称"规定""办法"，法律、法规已经明确规定的内容，规章原则上不作重复规定。除内容复杂的外，规章一般不分章、节。《内蒙古自治区水权交易管理办法》名称准确，符合上位法规定。同时，《内蒙古自治区水权交易管理办法》共有38条，内容包含总则、交易范围和类型、平台交易程序、交易费用和期限、交易管理、附则等，较为复杂，分章符合规定，具有结构规范性。条文与条文也不存在冲突，内在结构严密，符合逻辑。《内蒙古自治区盟市间黄河干流水权转让试点实施意见（试行）》等其他制度文件也基本符合政策性文件的行文要求。

2. 实效性评估

（1）制度运行的实效性分析。内蒙古黄河流域水权交易取得了积极成效，主要体现在以下方面：

1）缓解水资源瓶颈制约，促进水资源的高效利用。内蒙古自治区水权转让解决了沿黄经济带诸多工业项目的用水问题，大大缓解了沿黄工业企业水资源瓶颈制约，促进了沿黄地区社会经济的协调发展。不仅使一部分新增用水需求通过水权交易得到了满足，同时也建立起了节约用水和水资源保护的激励机制。一方面，工业企业通过公开交易有偿取得水指标，大大改善了部分企业希望通过向上级政府申请水资源无偿配置的“等靠要”思想，遏制了部分企业超采地下水获取水资源的非法行为，倒逼工业企业树立节水意识，采取节水措施；另一方面，也引导农户通过调整农作物种植结构、采取滴灌喷灌等节水措施节约更多水指标，从而起到了“通过市场之手，促进节约用水，实现高效利用”的积极效果。

2）利用社会资本进行节水工程建设，助力灌区实现乡村振兴战略。巴彦淖尔市河套灌区依靠传统的渠道输水进行农业灌溉，因无资金来源而无法实施节水工程改造。盟市间水权交易的实施，为沿黄灌区筹措了18亿元的社会资本用于节水改造工程建设。项目的实施，彻底解决了渠道河化和闸口跑冒滴漏问题；试点灌域渠系建筑物配套齐全，灌溉水利用系数显著提高，节水效果明显；各渠系过流能力增加，缩短了农民浇灌时间，农户浇上了实时水。新增和更新改造了渠道上的生产桥，渠堤道路通畅，为农业生产和灌溉管理带来了极大的便利，灌区渠水林田湖草路全面改观的同时灌溉运行管理状况和农民的精神面貌发生了根本性的变化，对于加快试点灌域实现乡村振兴战略意义重大。

3）内蒙古黄河流域水权交易的实施在创造经济效益和社会效益的同时，更带来了生态效益。特别是盟市间水权交易取得了多重生态效益：①返还挤占的部分黄河生态水量。试点节水改造工程完成后节水量为2.3489亿m^3，仅转让1.2亿m^3，剩余1.1489亿m^3水量全部留在黄河。②保障区域生态补水。在试点节水工程设计中，单独留出3000万m^3水量由巴彦淖尔市水务局统一用于区域湖泊和湿地生态补水。③逐步改善区域生态。试点节水工程设计本着维持区域合理地下水水位、逐步改善土地盐碱化、保证区域植被用水的原则，充分考虑区域生态环境各方面影响因素。④着力解决区域生态环境突出问题。自治区水利厅对已分配盟市间水权转让指标但无望上马项目的闲置水指标按规定收回并重新配置。收回的4150万m^3水指标大部分用于鄂尔多斯市、阿拉善盟和乌海市置换现状取用地下水的工业项目，有效地解决了沿黄盟市地下水超采问题。

（2）水权交易的经验实效分析。内蒙古自治区通过水权试点实践工作积累了相应的经验，取得了一定的实效，主要体现在以下方面：

1）通过构建水权交易制度体系奠定盟市间水权交易基础。内蒙古自治区

在国家水权制度建设无先例借鉴的情况下，结合区情水情和自治区盟市内黄河干流水权转让的经验，出台了《内蒙古自治区盟市间黄河干流水权转让试点实施意见（试行）》，不仅对盟市间水权转让的原则、总体目标、实施主体、责任分工等予以规定，还规定了收回水权转让指标的情形，保证了试点工作的顺利开展。此后，陆续出台了《内蒙古自治区闲置取用水指标处置实施办法》《内蒙古自治区水权交易管理办法》《内蒙古自治区水权交易规则》等管理办法和配套实施细则。这一系列制度和规范性文件的出台，构建起内蒙古自治区水权交易制度体系，从而为盟市间水权交易的顺利开展奠定了坚实基础。

2）通过明确水权交易价格初步建立盟市间水权交易价格形成机制。根据黄河水利委员会批复的《内蒙古黄河干流水权盟市间转让河套灌区沈乌灌域试点工程可行性研究报告》和《内蒙古自治区水利厅关于〈内蒙古黄河干流水权盟市间转让试点工程初步设计报告〉的批复》，按照计算公式：水权转换总费用/（水权转换期限×年转换量），确定水权转让价格为 1.03 元/(m^3 · a)，同时根据一期试点工程的实际情况，经自治区水权收储转让中心、内蒙古河套灌区管理总局、用水企业三方协商，明确了水权交易费用支付方式。通过明确水权交易价格和费用支付方式，初步建立了内蒙古特色的盟市间水权交易价格形成机制，保障了试点期内水权交易公开公正并规范有序进行。

3）通过建立闲置取用水指标处置机制有效盘活存量水资源。内蒙古自治区先后两次收回了 0.2 亿 m^3 和 0.415 亿 m^3 闲置取用水指标，并通过水权交易平台进行市场化交易，从而促进水资源集约高效利用，有效处置和利用闲置取用水指标。闲置取用水指标的处置程序分三步进行：①自治区水权收储转让中心依据有关文件解除水权合同；②自治区水利厅按照《内蒙古自治区闲置取用水指标处置实施办法》，收回闲置取用水指标；③通过水权交易平台进行再交易，其中 0.2 亿 m^3 闲置取用水指标通过中国水权交易所进行公开交易，0.415 亿 m^3 闲置取用水指标通过自治区水权收储转让中心交易平台进行协议转让。

4）通过完善水权收储转让平台实现内蒙古自治区水权转让市场化运作。经内蒙古自治区人民政府主席办公会议批准，由内蒙古水务投资集团牵头组建内蒙古自治区水权收储转让中心有限公司，作为内蒙古自治区水权收储转让的交易平台，成为全国第一家省级水权交易平台，标志着内蒙古自治区水权转让工作开始步入市场化运作阶段。自治区水权收储转让中心成立后，积极发挥其在水权收储和水权交易方面的作用，先后与内蒙古河套灌区管理总局、水权受让企业签订三方合同，在促成盟市间水权交易和处置闲置取用水指标方面发挥了重要作用。几年来，自治区水权收储转让中心健全完善了企业法人治理结构，建立了水权交易大厅，开通了自治区水权收储转让中心官网，与中国水权交易所达成战略合作，逐步迈入规范化运作轨道。

三、评估结论

《内蒙古自治区水权交易管理办法》等水权交易的系列制度属于内蒙古自治区规章以下的规范性文件，是根据《中华人民共和国水法》《取水许可和水资源费征收管理条例》《水权交易管理暂行规定》等法律、法规、规章的规定，结合内蒙古自治区水资源管理的实际制定的，其主要目标是规范水权交易，促进水资源的节约保护、优化配置和高效利用，支撑经济社会可持续发展。

基于以上目标，本书认为，《内蒙古自治区水权交易管理办法》等系列制度文件自出台以来，对于指导和加强内蒙古自治区开展水权交易工作发挥了重要作用，为水权交易工作的开展提供了有力的法律支撑。内蒙古黄河流域水权交易制度在实践需求的推动下，从初步建立到进一步演化完善，基本形成了涵盖水权确权、水权交易、水权监管的制度体系，较好地服务了过去以及当前盟市内、盟市间水权交易和闲置水指标交易的实践需求，为地区水权交易的广泛开展和水市场的持续活跃提供了有力的制度支撑。

但是，《内蒙古自治区水权交易管理办法》等系列制度文件在实施过程中也存在着上位法依据不够充分、个别条款设置不够合理、操作性不强等不足。综合上述评估内容，本书认为，《内蒙古自治区水权交易管理办法》等系列制度文件在很多内容上具有创新性，但由于水权交易领域本身缺乏上位法，使下位法的规定缺少直接法律依据，新创设的交易类型与制度的合法性问题需要在更高的法律位阶层面得以解决。同时，一些制度设计还存在不足或空白，为适应未来水权交易市场化阶段，需要进一步改进完善。

（一）比较成熟、可继续沿用的制度

总体上说，从农业向工业的水权交易，相关制度措施是比较成熟的，可以继续沿用。这些可以继续沿用的制度包括：在政府主导下确认水权交易主体，将可交易水权主要限定为灌区节约水量并逐步扩大到闲置水指标，充分考虑供水保证率不同、超用水扣减等因素计算可交易水权，对自治区水权收储转让中心进行合理授权，发挥其平台、中介和融资作用，通过“点对点”“点对面”等多种切合实际需求的方式推动交易，以成本定价法为主、兼顾合理收益和财务等费用确定水价，以25年为上限、综合考虑双方需求和利益设定交易期限，以发挥政府作用为核心的交易全流程监管，以及考虑第三方和公共利益的补偿并纳入水权交易费用统筹等。

（二）存在不足、需改进的制度

从长远角度看，为进一步发挥市场在资源配置中的决定性作用，从农业向

工业的水权交易制度体系中的一些环节还需要改进和完善。

（1）在水权交易主体确认环节，需探索通过市场机制选择交易主体，细化对多类型水权交易主体的条件和审核程序的规定。

（2）在可交易水权确认环节，需进一步完善可交易水权确认制度，扩大可交易水权的范围。

（3）在依托交易平台开展交易环节，需完善交易平台运作制度，进一步明确平台定位，拓展平台业务范围和功能。

（4）在水权交易定价环节，需进一步明确第三方和公共利益补偿成本计入价格的计算方法，研究探索多类型水权交易价格形成机制。

（5）在交易监管方面，需进一步健全水资源用途管制制度，完善针对交易准入、平台和资金等重要水市场要素的监管制度。

（6）在对第三方和公共利益补偿环节，需准确界定第三方范围，细化利益影响的评价机制和利益补偿制度等。

需要特别强调的是，上述内蒙古黄河流域水权交易制度中存在的不足，究其原因，是现阶段国家水资源管理立法或政策制定相较改革实践滞后造成的，如针对水权交易的监管制度尚不健全等。

（三）存在空白、需新建的制度

与水利部《水权交易管理暂行办法》相比，内蒙古自治区现有水权交易制度设计中缺乏对灌溉用水户之间水权交易、区域水权交易的规定，需进一步研究制定。对再生水水权交易、跨区域引调水水权交易等在《内蒙古自治区水权交易管理办法》中已明确可开展但尚未细化制度规范的，尚需进一步从水权交易的主体认定、可交易水权确认、交易平台、交易程序、交易价格、交易期限、交易监管、第三方及公共利益影响与补偿等方面进行制度设计，构建制度体系。对于《内蒙古自治区闲置取用水指标处置实施办法》已提及但未细化的水权收储制度，需进一步补充完善包括水权收储的主体与客体的认定、收储资金的来源及使用、收储的必要性及用途、开展收储的程序等制度内容。

上述需新建的制度，是随着实践探索的发展而需要建立的。然而，当前的有些既有制度规定已不符合新形势下深化水权改革的需要，对进一步推进水权改革造成了限制，如既有的《取水许可和水资源费征收管理条例》规定能够开展交易的标的是通过调整产品和产业结构、改革工艺、节水等措施节约的水资源，且在取水许可的有效期和取水限额内。这就对拓展水权收储等类型的水权交易造成了限制。

第三章　内蒙古黄河流域水权交易制度创新

内蒙古黄河流域水权交易的发生、发展和繁荣都离不开制度规范的支撑。本章从马克思主义经济学、西方经济学中关于产权、制度和制度创新的基础理论出发，深入剖析内蒙古黄河流域水权交易制度创新的诱因，总结其制度创新的路径，提炼制度创新的亮点。

一、制度创新的理论分析

制度，是指在一定历史条件下形成的法令、礼俗等规范。广义上看，制度泛指以规则或运作模式，规范个体行动的一种社会结构。内蒙古黄河流域水权交易制度的产生和发展，是水资源管理领域制度创新推动的，其背后有着深厚的理论支撑。

（一）马克思主义经济学对制度创新的解释

马克思主义经济学是从古典经济学中发展起来并超越古典经济学的科学，它有深厚的哲学理论基础，辩证唯物主义和历史唯物主义是马克思主义经济学的世界观，也是其基本方法论。它关于制度变迁的理论，其实就是辩证唯物史观的具体展现。它关于自然和社会以及社会制度中的经济、政治、文化制度等方面的理论，坚持了辩证的、唯物的发展观，唯物主义、辩证观点和矛盾分析方法始终如一地贯穿于生产力理论、生产关系原理、经济基础与上层建筑关系原理、社会存在与社会意识关系原理中。这些研究方法在马克思主义制度变迁理论中得到重视。

马克思主义经济学认为生产力自身的发展及生产力发展的社会条件是研究社会经济发展的关键问题。它以社会生产和经济利益的客观性质为前提假设，在生产力发展的社会条件中，最重要的就是经济关系，即生产关系或经济制度。所以，马克思主义经济学明确地把研究对象定位在研究生产关系及其发展的规律。从历史唯物史观的意义上说，马克思主义经济学对于制度创新最大的理论解释来源于“经济基础决定上层建筑”，即对于不断前进的生产力来说，制度不断演变以适应经济的发展，是符合事物发展规律的，制度的变迁和替代是必然的。

在马克思主义经济学的理论框架中，产权制度是经济制度的核心，也是其

分析经济制度演变的重要内容。马克思在《资本论》中运用历史唯物主义的科学方法，阐述了产权制度变迁的原因是生产力与生产关系、经济基础与上层建筑的矛盾运动。马克思认为，生产关系不是固定不变的，而是随着生产力的提高和其他因素的变化不断向前发展的。人们的劳动方式和劳动组织状况就会发生变化，产权制度和所有制就会改变。生产力发展的不平衡性和多层次性，决定了一个社会可能同时存在多种的所有制，一种所有制可能出现多种的具体产权制度，即多种实现形式。同时，一个社会的产权制度会对其生产力的发展有重要的反作用。

（二）现代主流西方经济学对制度创新的解释

20 世纪 50 年代以来，以科斯等人为代表的制度经济学派，不满主流经济学使“经济学越来越数学化、正规化，但其准确性却越来越低”的现实，注意吸收马克思主义经济学的分析框架，把制度视为经济领域的一个内生变量，研究制度、制度变迁及其与经济绩效之间的关系，探讨了制度的基本功能、影响制度变迁的因素、做出制度选择的原因，以及在制度变迁中国家行为和意识形态的作用等。

制度经济学是以制度作为其研究对象，其实，制度经济学的研究核心为稀缺资源的配置。新古典经济学理论体系是建立在关于经济人行为的两大基本假定的基础之上的，即经济人追求自身利益的最大化和经济人具有充分的理性。新古典模型中的经济人是一种脱离现实的观念的人。制度经济学正是通过对新古典模型中经济人假定的修正才扩展了经济学对现实生活的解释能力。“当代制度经济学应该从人的实际出发来研究人”，于是制度经济学提出了经济人行为的有限理性假定和机会主义行为倾向的假定，采用了比新古典模型更逼近现实层次的人的行为假定。制度经济学运用了交易费用的概念。在新古典模型中，暗含的假定是交易费用为零。在制度经济学中，交易费用为零的假定被修正为交易费用为正。制度经济学来源于新古典经济学，并对新古典经济学进行了补充和发展。新古典经济学的研究对象是稀缺资源的配置，制度经济学仍坚持这一研究对象，它只是加上了资源配置目标函数的一组制度约束条件，制度经济学研究制度的目的和标准在于提高资源配置效率。

制度经济学认为，制度作为经济发展的内生变量，与其他物品一样，都有供给与需求。制度创新的过程，实际就是制度这一产品的供给与需求不断在动态变化中达到均衡的过程。由于制度具有公共产品性质，因而制度的供给主要取决于政治体系，具体说，就是取决于政治体系提供新制度安排的能力和意愿。一个政治体系的这种能力和意愿，受制于很多因素。这些因素主要包括：制度设计的成本，现有的知识积累，实施新安排的预期成本，宪法秩序，现存制度安排，规范性行为准则，公众的意识，居于支配地位的上层决策集团的预期净利益等。关于制度创新的需求，制度经济学进行了更为详细的分析。按照D·菲尼的分析，影响制度创新需求的重要因素有相对产品和要素价格、宪法秩序、技术和市场规模。

诺斯对制度创新的基本因素、制度创新的动力以及制度创新的基本过程进行了研究，并且把制度创新理论用于经济史的研究，被誉为是新经济史学的代表人物。他的制度创新理论可以概括为：首先，诺斯指出，制度创新是由于在现存制度下出现了潜在获利机会，这些潜在利益是由于市场规模的扩大，生产技术的发展或人们对现存制度下的成本和收益之比的看法有了改变等因素引起的。但是，又由于对规模经济的要求，将外部性内在化的困难、厌恶风险、市场失败与政治压力等原因，使这些潜在的利润无法在现有的制度安排内实现。这样，在原有制度下总会有某些人为了获取潜在利润而率先来克服这些障碍，当潜在利润大于这些障碍所造成的成本时，一项新制度安排就会出现。其次，诺斯把制度创新过程分为五个阶段，接着，诺斯又指出在现实世界中存在着三种不同层次的制度创新，即由个人、团体或政府担任"第一行动集团"所引起的创新活动，并分析了这三个层次的创新活动的不同特点。例如，个人的创新活动并不需要支付组织成本，也不需要支付强制成本。团体的创新活动需要支付组织成本，但没有强制成本。政府的创新活动则既要支付组织成本，也要支付强制成本。

我国经济学家林毅夫把理论往前推进了一步，提出了强制性制度创新理论。强制性制度创新是由政府命令和法律引入并实施的。因为制度安排是一种公共品，而搭便车问题又是创新过程所固有的，国家干预的强制性变迁就可以为持续的制度供给不足提供补救，当然，国家干预同时引起国家的成本与收益，故此国家是否具有采取适当行为的激励，也构成经济分析中要碰到的问题。具体而言，当出现制度不均衡时，假若制度创新会降低统治者获得的效用或威胁到统治者的生存，那么国家可能仍然会维持某种非效率的不均衡。换言之，统治者只有在下面的情形下才会采取行为来弥补制度创新的供给不足：即按税收净收入、政治支持以及其他进入统治者效用函数的商品来衡量，强制推行一种新制度安排的预期边际收益要等于预期边际成本。没有人可以保证效用最大化的统治者会有动力去执行那些增进制度安排供给的政策，以达到社会财富最大化。进一步讲，维持一种非效率的制度安排与国家未能采取行动去消除制度非均衡，此二者同属于政策失败。政策失败成因在于：统治者的偏好和有限理性、意识形态刚性、官僚政治、集团利益冲突和社会科学知识的局限性。

（三）内蒙古黄河流域水权交易制度的理论解释

无论从马克思主义经济学的理论框架体系还是从西方制度经济学的理论框

架体系出发，制度创新都是实现社会变革的直接动力。人类社会结构包括经济结构、意识结构、社会政治结构。制度就是人类社会结构框架的基本内容。制度对于社会发展具有重要的保障作用，适合的制度会促进社会的发展，反之就会阻碍甚至破坏社会的发展。制度创新最终的目的是为了解放生产力、推动物质文明前进，而要达到这一目标，必须通过完善政治体制，推动政治文明发展，培育良好文化环境，推动精神文明提升等途径来实现。

马克思主义认为，在社会基本矛盾运动中，生产力决定生产关系，经济基础决定上层建筑；但是，生产关系和上层建筑又不是消极无为的，生产关系对生产力、上层建筑对经济基础同时又具有巨大的反作用，而这两个基本矛盾都直接或间接地对生产力有巨大的反作用。如果生产关系不适应生产力需要，就会阻碍生产力的发展；同样，不适应经济基础和生产力发展需要的上层建筑也会阻碍经济基础和生产力的发展。解放和发展生产力就必须进行制度创新，破除与生产力发展要求不相适应的生产关系和上层建筑，进而建立起与生产力发展要求相适应的新的生产关系和上层建筑。只有通过制度创新，才能解除先进生产力发展的制度性障碍，为先进生产力的发展提供制度保证。无数人类社会发展史表明，制度文明也对精神文明具有引导和保障作用。因此，在中国特色社会主义事业建设过程中，不断推进制度创新，是经济社会发展的重要动力。

遵循马克思主义经济学的基本理论，运用辩证唯物主义和历史唯物主义的研究方法，奠定了生产力和生产关系相适应的理论基石。进入21世纪以来，内蒙古自治区经济有着长足的发展，特别是经济结构由以农业为主转向以工业为主，生产力的不断发展，必然带来生产关系的调整，也必然带来制度创新。在水资源管理领域就体现为要进行管理制度的创新。从这样角度看，内蒙古黄河流域水权交易制度的产生和发展有着深刻的马克思主义经济学的理论基础。

新制度经济学的制度变迁与制度创新理论认为，制度变迁是制度的替代、转换与交易的过程，是通过不断的制度创新完成的。制度变迁的原因是旧有制度转向新制度变得有利可图，因此对新制度产生需求，相应地产生新制度供给。但是制度需求的满足需要付出成本。理想的制度安排是成本最小的制度供给。从一种制度转向另一种制度，也需要付出成本，如果这种变迁的成本小于新制度带来的个人净收益，则制度变迁才会发生。产权制度的演变实际上就是产权不断被界定、外部性不断内部化、产权行使效率不断提高的过程，也是产权制度均衡不断被打破、产权制度创新不断涌现、产权制度不断变迁的过程。

现代主流经济学逐步把制度作为经济分析框架中重要的要素。制度经济学家以强有力的证据向人们表明，制度是经济理论的第四大柱石，制度至关重要。土地、劳动和资本这些传统的经济理论要素，有了制度才得以发挥功能。制度创新是促进稀缺资源更高效配置的有力手段。对于当前经济社会的发展来说，水资源是重要的自然资源，更是重要的生产要素，在水资源管理领域，特别是在水资源产权领域的制度创新，将带来水资源管理领域的变革，促进水资源更高效合理的利用。内蒙古黄河流域水权交易制度的创新，是在当地水资源总量有限、最严格水资源管理制度实施、当地城市化和经济社会发展所导致的水资源消耗增加、传统水资源配置手段无法满足用水户需求等条件或要素作用下的必然结果，制度创新也终将带来水资源的更合理、更高效利用。

二、水权交易制度创新的诱因

根据马克思主义经济学，制度创新是生产关系适应生产力发展的必然结果；根据西方制度经济学理论，制度创新是与自然资源、资金和技术等要素共同作用，使得稀缺资源得到更优化配置的关键因素之一。从理论出发，结合内蒙古黄河流域资源禀赋和经济社会发展状况，可以总结出内蒙古黄河流域水权交易制度创新的诱因。

（一）经济发展和产业结构高级化是根本动因

进入21世纪以来，随着我国西部大开发战略推进，内蒙古自治区进入了经济快速发展期，工业化进程加快，产业结构由农业占重要地位转变为工业占主导地位。2000—2018年，内蒙古自治区是中国经济发展最快的省（自治区、直辖市）之一，如图3-1所示。2018年，全区地区生产总值17289.2亿元，按可比价格计算，比上年增长5.3%。其中，第一产业增加值1753.8亿元，增长3.2%；第二产业增加值6807.3亿元，增长5.1%；第三产业增加值8728.1亿元，增长6.0%；三次产业比例为10.1∶39.4∶50.5。第一、第二、第三产业对生产总值增长的贡献率分别为6.7%、37.2%和56.1%。人均生产

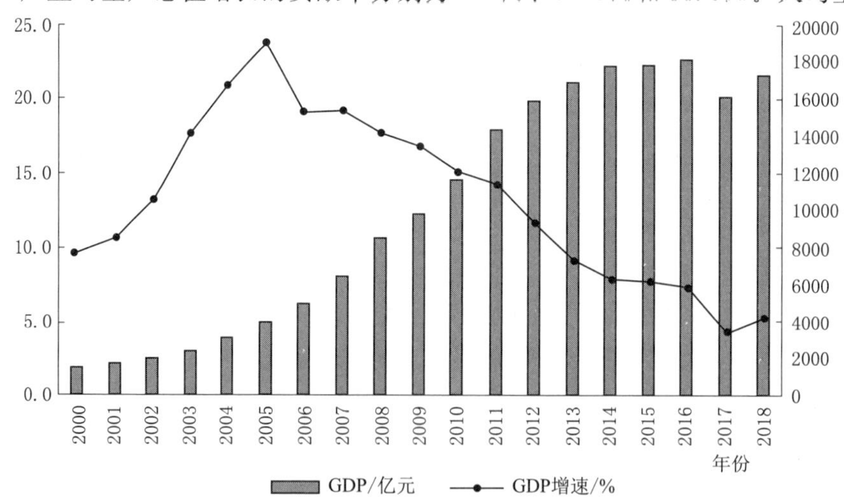

图3-1　内蒙古自治区2000—2018年GDP总量和增速

总值达到 68302 元，比上年增长 5.0%。全年全部工业增加值比上年增长 6.9%。其中，规模以上工业增加值增长 7.1%，轻工业增加值下降 1.4%，重工业增加值增长 8.2%。从主要工业产品产量看，全区原煤产量 97560.3 万 t，比上年增长 7.7%；焦炭产量 3374.1 万 t，比上年增长 10.8%；发电量 5003.0 亿 kW·h，比上年增长 13.4%，其中，风力发电量 632.4 亿 kW·h，增长 16.0%；钢材产量 2259.5 万 t，比上年增长 12.8%；铝材产量 169.9 万 t，比上年增长 18.5%。产业结构的变化必然带来用水结构的变化，为了适应新的用水结构需求，需要调整原有的用水结构，但是原有水资源管理制度在一定程度上制约了用水结构的调整，为此，需要根据实践需求，初步建立水权水市场制度，以制度创新突破水资源对经济社会发展的制约。

内蒙古黄河流域是内蒙古自治区经济较为发达地区，也是自治区发展核心区。区域内经济社会发展和城市化进程极为迅速，拥有储量 1250 多亿 t 的煤炭、7000 多亿 m^3 的天然气和逾亿吨的稀土保有储量。在加大资源开发力度的同时，内蒙古黄河流域各盟市不断加大资源转化力度。在发展采掘和初加工产品中，注意把推进产业延伸作为提高产业发展水平的关键环节抓，依托已有的产业基础，不断延伸产业链条和提高产品精深加工水平。煤化工、煤制油、天然气化工、氯碱化工等优势特色产业的产业链已经形成，钢铁、有色金属、PVC 等产品已经形成一定规模，并不断向下游系列产品延伸，带动中小企业围绕特色产业搞延伸，围绕重点项目搞协作，向“专、精、特、新”方向发展。

以开展水权交易最早的鄂尔多斯市为例。在农业主导的时期，鄂尔多斯曾是贫穷落后地区。随着西部大开发、国家能源战略西移等一系列重大战略的施行，作为国家重要的能源化工基地，鄂尔多斯依托丰富的资源，着力构建“大煤炭、大煤电、大化工、大循环”四大产业，一大批煤电、煤化工项目纷纷落户鄂尔多斯，在这些工业项目的带动下，鄂尔多斯经济迅猛发展，城市化进程快速推进，经济社会发展取得重大进步。地区生产总值由 2005 年的 594.8 亿元增加到 2014 年的 4162.2 亿元，位居全国地级城市第 20 位（加上 15 个副省级城市列第 34 位），年均增长 17.9%；固定资产投资由 404 亿元增加到 3422.5 亿元，居全国地级城市第 16 位，年均增长 26.8%。经济社会的快速发展和产业结构的快速转型，使得鄂尔多斯需要改变原有水资源的行业配置，以制度创新实现水资源对经济的支撑。

（二）自然资源禀赋矛盾是基础动因

内蒙古黄河流域的资源优势在于当地丰富的矿产资源，这为其经济社会的快速发展奠定了基础。内蒙古自治区是我国发现新矿物最多的省份。1958 年以来，中国获得国际上承认的新矿物有50余种，其中10种发现于内蒙古自治区。截至2015年年底，保有资源储量居全国之首的有17种、居全国前3位的有43种、居全国前10位的有85种。稀土探明资源储量居世界首位；全区煤炭累计勘查估算资源总量8518.80亿t，其中探明资源储量为4220.80亿t，预测的资源量为4298.00亿t。全区煤炭保有资源储量为4110.65亿t，占全国总储量的26.24%，居全国第1位；全区金矿保有资源储量金为688.86t，银为48817t；铜、铅、锌三种有色金属保有资源储量为5041.18万t（2016年数据）。

内蒙古自治区丰富的矿产资源主要集中于中西部地区，即黄河流域区域。以鄂尔多斯市为例。鄂尔多斯境内目前已经发现的具有工业开采价值的重要矿产资源有12类35种。其中，已探明煤炭储量1496亿多t，约占全国总储量的1/6。如果计算到地下1500m处，总储量近1万亿t。在全市8700多km^2土地上，70%的地表下埋藏着煤。石油、天然气主要位于鄂尔多斯中西部，全市天然气探明储量为8000多亿m^3，占全国总储量的1/3。油页岩主要分布于鄂尔多斯中部的东胜区、准格尔旗、伊金霍洛旗境内。目前探明储量为3.7亿多t。其中，工业储量为66万t，储藏厚度一般为3～5m，含油率为1.5%～10.4%。鄂尔多斯还有品种齐全、蕴藏丰富的化工资源，主要有天然碱、芒硝、食盐、硫黄、泥炭等，还有伴生物钾盐、镁盐、磷矿等，这些都为鄂尔多斯工业开采和产业发展奠定了基础。

内蒙古自治区地处内陆，一方面矿产资源丰富，但另一方面水资源严重短缺。有限的水资源主要供应农业，随着水资源需求量的快速增长，进入21世纪初时，当地的水资源条件已经无法通过当时的水资源管理制度安排有效支撑经济社会的快速发展。

从黄河全流域看，黄河流经区域是资源性缺水地区，流域水资源总量占全国水资源总量的2.6%，在全国七大江河中居第4位。人均水资源量为905m^3，亩均水资源量为381m^3，分别是全国人均、亩均水资源量的1/3和1/5，在全国七大江河中分别居第4位和第5位。在内蒙古黄河流域，虽然煤炭、金属等资源极为丰富，但水资源匮乏尤甚。同样以鄂尔多斯市为例。鄂尔多斯属于典型的温带大陆性气候，风大沙多，干旱少雨，属资源性、工程性和结构性缺水并存的地区。全市地表水可利用量为1.66亿m^3，地下水可开采量为12.22亿m^3，扣除地表水和地下水重复计算量0.71m^3，本地水资源可利用总量仅为13.17亿m^3。黄河是鄂尔多斯唯一一条过境河流，流经长度728km。按照国务院“八七分水”方案，内蒙古自治区分配给鄂尔多斯黄河水权7亿m^3。因此，全市水资源可利用总量仅为20.17m^3。水资源人均占有量为1008m^3/a，与全球淡水资源的人均占有量10000m^3/a、全国人均水资源占有量2240m^3/a相比，

仅占全球人均水资源占有量的1/10、不到全国人均水资源占有量的1/2，按照国际通行惯例，鄂尔多斯基本属于严重缺水地区。

资源型产业和资源深加工产业的发展都离不开水资源的支撑，水资源是产业发展必不可少的资源。但是由于自然资源分布不均衡，在区域内集聚了大量的矿产资源而产业开发所需的水资源短缺，需要创新制度，促进水资源的优化配置和高效利用。因此，自然资源禀赋矛盾是内蒙古黄河流域水权交易制度创新的基础动因。

（三）水资源管理制度不断完善是直接动因

虽然黄河水资源开发利用历史悠久，但在新中国成立前规模较小，且属局部。新中国成立后，兴建了大量的水利工程，黄河水资源的开发利用才进入了全面、高效发展的新阶段，用水规模也迅猛扩大，黄河地区工农业耗用黄河河川径流量由1949年的74亿m^3，增长到1990年的278亿m^3，增加了近3倍。1988—1992年5年平均耗用黄河河川径流量308亿m^3。黄河地区各部门用水量中农业灌溉是用水大户，工业、城镇生活和农村人畜用水量的比重相对较小。1990年各部门总引用水量478亿m^3，其中引用地下水量114亿m^3，引用河川径流量364亿m^3（耗河川径流量278亿m^3）。在总用水量中，农业灌溉引水量为407亿m^3，占总引用水量的85%，工业、城镇生活用水量为57亿m^3，占12%，农村人畜用水量为14亿m^3，占3%。从引用水量的地区分布看，主要集中在宁蒙河套地区和黄河下游沿黄地区，该两区共引用水量325亿m^3，占总用水量的68%（2007年统计）。

黄河水量分配方案实施以前，黄河水资源是一种典型的“开放的可获取资源”，流域上下游自由取水，各行其是。为满足日益增长的水需求，引黄水量迅速增加，从20世纪50年代到90年代，引黄耗水量增长了1.5倍。作为“公共资源”，由于免费获取，被过度耗用，黄河不堪重负，黄河下游从1972年开始断流，从70年代初到80年代末，平均每5年有4年断流，进入90年代则是年年断流。鉴于黄河流域上下游用水矛盾日益突出，国务院1987年颁布了黄河水量分配方案，将349.6亿m^3的水量分配给沿黄八省区，但实际用水量和分水方案相差甚远。根据黄河水利委员会公布的数据计算，1992—1995年，内蒙古自治区用水量平均年超13%。虽然“八七分水”方案总共370亿m^3的分配中，内蒙古自治区分水量为58.6亿m^3，是参加当次分水方案的11个省区中分水最多的，占方案分水总量的15.8%。但是，分水方案中的绝大部分水量为灌溉用水指标，而非工业用水指标。内蒙古自治区将58.6亿m^3中的7亿m^3分配给鄂尔多斯市，其中工业初始水权仅0.913亿m^3，其余6.087亿m^3为灌溉用水指标，工业用水指标仅占全市总用水指标的1.30%。

近些年，内蒙古黄河流域依托煤炭等矿产资源优势，经济发展较快，GDP占全自治区的65%，在自治区经济社会发展中占有重要的地位。区域水资源可利用量约89亿m^3，其中黄河分水量为58.6亿m^3，但由于黄河分水量受“丰增枯减”原则制约，年度干流分水量仅为50亿m^3左右，难以满足地区生产生活用水需求。伴随着固定资产投资的不断增加，工业项目对水资源的需求急剧增加，供需矛盾日益突出，水资源匮乏成为制约鄂尔多斯等地区经济社会发展的主要瓶颈，大量的工业项目因为缺乏水指标而搁置。

总体来看，随着经济的快速发展，需水量不断增加，1980—2000年内蒙古全区用水总量增加了60.9%，其中地下水开采量增加了156.42%，地表水用水量增加了35.02%。随着水资源开发利用程度的提高，一系列经济社会可持续发展与水资源之间的矛盾也日益突出。

(1) 大部分地区用于农业生产的地表水资源，开发利用程度高，但是利用效率低。主要表现为主体工程建设标准低，渠系配套差，工程老化严重。以巴彦淖尔市为例，其所处的河套平原灌区是我国最大的大型自流灌区之一，是自治区重要的商品粮产区，年引黄灌水量为51.99亿m^3（1987—1997年均值）。河套灌区大部分建筑物修建于20世纪60—70年代，建设标准低，老化失修严重，灌溉渠道水有效利用系数仅为0.42。

(2) 缺乏科学合理、可行的水资源开发利用综合规划。这一问题在牧区尤为突出，牧区水利基础工作薄弱，以前的工作大都围绕一些水利工程进行，考虑短期效益，缺乏一个从人口、资源、环境、水资源优化配置和可持续利用发展战略高度的综合规划。此外，传统的灌溉方式和原始粗放的灌水技术也是导致水资源浪费严重的重要因素。

(3) 部分城镇和集中开采区出现超采。目前，人部分城镇供水利用地下水，随着城镇化水利用率的提高，城镇地下水开采量、开采范围不断扩大，由于长期集中开采，浅层地下水在个别城市基本消耗殆尽。此类地区，地下水开采逐渐转向消耗深层承压水，导致地下水开采过量，水位持续下降，引发城区地面沉降，劣质水入侵、水环境恶化，周边地区农业机井报废，开采效率降低。

(4) 水资源紧缺与水资源浪费并存。自治区中西部广大地区水资源都存在不同程度的紧缺。但与之极不相称的是在生产生活领域存在着较为严重的结构型、生产型和消费型浪费，水资源浪费十分严重。就全区而论，农业仅占GDP的27.04%，但农业用水量却占到自治区总用水量的88.38%；在生产领域，2000年万元工业增加值用水量为170～251m^3，是国内发达地区的3.3～4.9倍；区内废污水的重复利用率为3%，远低于全国平均水平；城镇供水管网漏失率大于20%。

（5）水污染范围不断扩大，水源恶化形势日趋严重。2000年全区工矿企业废污水排放量达3.95亿m^3，生活污水排放量为2.13亿m^3，每年排入河道的污水达3.52亿m^3。污水排放量逐年增加，污染面不断扩大。以呼和浩特市为例，浅层水污染范围已扩大到207km^2，其中不能作为生产生活用水水源的面积为90km^2，大于城市自来水供水范围的70km^2。

在我国，水资源的所有权由国务院代表国家行使，政府代表或代理国家支配水资源。由于政府的自然资源所有权与行政权是结合配置的，其对资源产权的行使主要表现为资源行政管理，以资源行政管理替代资源产权管理。在管理体制上，我国对水资源实行流域管理与行政区域管理相结合。在既有的体制下，由流域管理机构组织各地方政府，即相关利益主体进行协商成为理想的选择，这种方法考虑到了相关利益主体的公平权利对待，从宏观上维护整个流域的可持续发展的可能。但是，由于利益主体的多元化且数量众多，它们之间进行协商谈判的成本极高，而且可能高到难以达成协议的程度。

在传统管理体制下，水资源的有效调度靠的是行政配置。而行政配置是利用计划指令按地域分配资源，其决策机制特征是黑箱作业、中央（部门）拍板和高度集权，其管理模式是通过流域管理机构进行集权决策与管理，其约束机制主要是行政手段和“长官意志”，在这种体制下，用户处于被动接受地位，既无参与权亦无表达权。行政配置模式实际上是一种典型的计划经济模式，其资源配置效率很低，对利益主体的约束性也极差，直接后果就是流域水供求矛盾更加突出。在21世纪初，内蒙古黄河流域快速发展的经济社会对水资源的需求愈演愈烈，已无法满足新增用水户的需求，无法对实际引水量实行有效监督和控制，分水方案已得不到有效落实，这其实已经表明了传统行政配置模式已经达到了极限。

综上所述，内蒙古黄河流域水资源管理创新的现实需求催生了水权改革理念及现实实践。随着改革开放和西部大开发的实施，内蒙古自治区的社会、经济等各方面得到了迅猛的发展。与此同时，内蒙古自治区在城市化和工业化的进程中，水资源的供需矛盾日益突出，水资源问题成为内蒙古自治区社会经济发展的瓶颈，严重制约着内蒙古自治区的发展。一方面国务院分配的黄河取水量已不能满足内蒙古自治区用水需求，地下水超采问题迟迟得不到有效解决；另一方面传统以行政配置为主的水资源管理模式无法有效提高水资源的利用效率和效益，水资源紧缺的局面迟迟得不到有效缓解。面对国家分配的用水总量不变与内蒙古自治区工业需求取水量逐年增多的局面，内蒙古自治区只能通过自身进行“开源节流”来解决这一用水突出矛盾。通过“开源”性的工程技术措施增加水资源的可供给量，一定程度上缓解了供需矛盾，但要根除紧张的供需矛盾问题还需要“节流”。内蒙古自治区存在水资源用水效率低、用水结构不合理、农业用水浪费严重和工业用水匮乏等现象，相关调查显示，内蒙古自治区工农业节水潜力比较大，但是由于节水工程量大、财政投入有限，在实际运行中存在较大困难。因此，如何提高水资源的利用效率和配置效率，如何把水资源的使用和管理模式从“开发利用型”向“节水效率型”转变，成为内蒙古自治区经济社会发展的主要问题之一。这种背景下，开展水权改革、建立水市场成为了解决水资源短缺、化解水资源矛盾的根本途径。

三、水权交易制度创新的实现路径

内蒙古黄河流域水权制度的建设，总体来看，是在制度不断适应生产力发展、适应经济社会发展、适应水资源管理新需要的背景下开展的，是一个从无到有、不断创新和完善的过程。具体来看，内蒙古黄河流域水权制度的创新路径，经历了一个从盟市内水权交易到盟市间水权交易再到市场化水权交易的过程。

（一）内蒙古黄河流域水权交易制度创新的基本路径

依据制度经济学理论，制度变迁包括自下而上的诱致性制度变迁路径和自上而下的强制性制度变迁路径两个基本类型。诱致性制度变迁的基本路径是制度的创新是由一群（个）人，在响应由制度不均衡引致的获得机会时，所自发倡导、组织和实行的制度变迁。其路径特点是：①改革主体来自基层；②程序是自下而上的；③在改革成本的分摊上向后推移；④在改革的顺序上，先易后难、先试点后推广、先经济体制改革后政治体制改革相结合和从外围向核心突破相结合；⑤改革的路径是渐进的。强制性制度变迁的基本路径是由政府命令和法律引入并实现。其路径特点是：①政府为制度变迁的主体；②程序是自上而下的；③过程可能比较激进。

内蒙古黄河流域水权交易的制度需求，来源于经济社会发展过程中，微观经济主体（如企业）在进行微观区位选择、开展生产经营面临的实际困难，也来源于政府在进行经济社会发展规划、产业规划，并促进规划落地的过程中所面临的实际问题。因此，改革主体需要主要来源于基层，改革程序也是自下而上的，在改革顺序上先易后难、先试点后推广，可以看出内蒙古黄河流域水权交易制度创新的路径是诱致性制度变迁，如图 3－2 所示。

（二）内蒙古黄河流域水权交易制度创新的具体路径

1. 盟市内水权交易

早在 1998 年，内蒙古自治区水利厅就曾在托克托电厂与麻地壕灌区之间、岱海电厂与岱海灌区之间进行了水权转让探索。

2002 年 6—12 月，整整半年的时间，内蒙古自治区向黄河水利委员会申

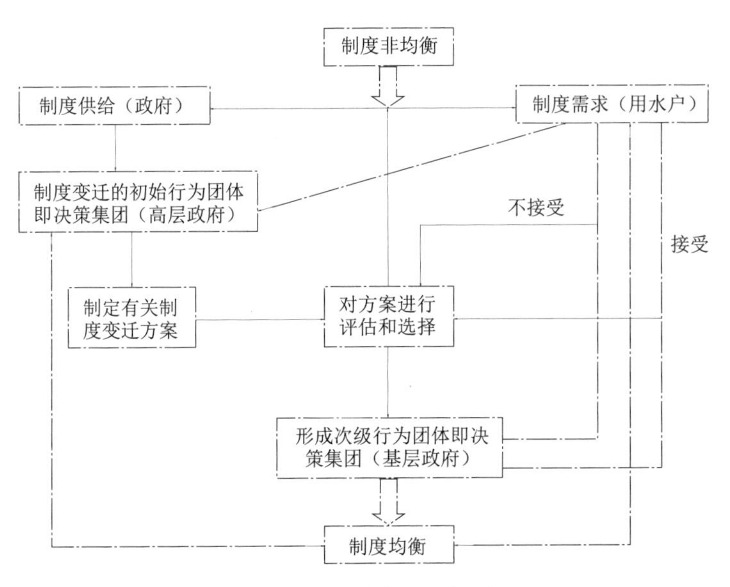

图 3-2　制度变迁逻辑图

请取水指标一直得不到批准，水资源短缺的问题无法解决，项目投资方十分着急，各级地方政府特别是各级水行政主管部门面临巨大的压力，多方寻找对策但苦无良策。2002 年 12 月，在水权理论的启示下，黄河水利委员会针对内蒙古引黄灌区灌排工程老化失修严重、渠道砌护率低、渠系渗漏严重、渠系水利用系数低、田间灌溉定额偏大、农业用水浪费、节水潜力巨大的实际情况，提出了由项目业主投资建设农业节水工程，把灌溉过程中渗漏蒸发的无效水量节约下来，通过水权转让的办法，转移到拟建能源项目的工业用水上来的思路。这一“投资节水、转让水权”的新思路立即得到相关各方的积极拥护。按照这一思路，黄河水利委员会在内蒙古、宁夏确定了 5 个水权转换试点，开始了我国实施水权转换的探索。至此，内蒙古黄河流域水权制度创新的序幕正式开启。

2003 年，内蒙古自治区编制了《内蒙古黄河流域水权转换总体规划》，并于同年通过黄河水利委员会审批，这标志着内蒙古黄河流域水权交易理念实现了落地。按照总体规划要求，内蒙古黄河流域在近期（2010 年）可以转换黄河水指标为 2.71 亿 m^3，其中鄂尔多斯市为 1.3 亿 m^3；远期（2011—2020 年）全区可以转换黄河水指标为 1.12 亿 m^3。当年 4 月 1 日，黄河水利委员会印发了《关于在内蒙古自治区开展黄河取水权转让试点工作的批复》，同意在内蒙古自治区开展黄河干流水权转让试点工作，通过对镫口扬水灌区（后更换为杭锦灌域）的节水改造，把节约的水量有偿转让给达拉特电厂四期工程用水。自治区水利厅专门成立了水权转让项目办公室，负责管理水权转让资金和组织水权转让节水改造工程的设计、施工及监督等招投标工作，并于2003年4月就达拉特电厂四期工程取用黄河水相关问题进行批复，要求蒙达发电有限责任公司尽早开展水资源论证报告书编审和试点前期工作。蒙达发电有限责任公司于5月起委托编制了《水资源论证报告》《内蒙古杭锦旗向蒙达发电有限责任公司转让部分黄河干流取水权可行性研究报告》和《鄂绒集团硅电联营项目水权转让可行性研究报告》，并于9月通过黄河水利委员会组织的审查。鄂尔多斯市率先在南岸杭锦自流灌区开展水权转换试点工作，标志着鄂尔多斯市水权置换项目进入实践阶段。鄂尔多斯市将黄河南岸灌区近期水权转换指标分配给鄂绒硅电、大饭铺、达拉特电厂四期等14个项目，通过企业投资进行灌区节水改造，将结余的水指标用于工业项目。

2004年，水利部出台了《水利部关于内蒙古宁夏黄河干流水权转换试点工作的指导意见》，黄河水利委员会制定了《黄河水权转让管理实施办法（试行）》和《黄河水权转换节水工程核验办法》，对水权转换年限、节水工程运行维护、工程建设监理机制等都做了详细规定。

2005年，在水利部、内蒙古自治区水利厅相关法律法规指导下，鄂尔多斯市杭锦旗人民政府制定了《黄河南岸自流灌区水权转换框架下水资源配置实施方案》等文件，根据自身建设需要，对国家和内蒙古自治区的有关规定进行了补充和细化，丰富和完善了水权转化规章制度，使水权转化工作有法可依。2005年9月，杭锦旗人民政府办公室制定并下发了《杭锦旗人民政府办公室印发杭锦旗黄河南岸灌区用水者协会建设指导意见的通知》和《杭锦旗人民政府办公室印发黄河南岸灌区管理体制改革的指导意见的通知》，规范和促进用水者协会的改革，指导黄河南岸灌区管理机构的改革。

2003年以来的十多年里，盟市内水权转让工作共转让水权指标3.32亿m^3，为55个大型工业项目解决了取用水指标，为其立项上马提供了保障。鄂尔多斯黄河南岸灌区引黄耗水量从实施水权转让前的4.1亿m^3降为近年的2亿m^3左右；河套灌区引黄耗水量从21世纪初的53亿m^3降为近年的40亿m^3左右。水权试点取得了积极重要成果。整体上看，盟市内的水权转让主要是由盟市的地方人民政府主导进行，政府依据规划配置水权转让指标，同时组织前期工作的开展与灌区节水工程的建设。

需要说明的是，2002年修订出台的《中华人民共和国水法》中首次采用了取水权的概念，为了健全完善我国的水资源权属法律制度，建立取水权法律规范，将实施取水许可和收取水资源费两项制度紧密相连，明确规定除家庭生活和零星散养、圈养畜禽饮用等少量取水的以外，直接从江河、湖泊或者地下取用水资源的单位和个人，应当按照国家取水许可制度和水资源有偿使用制度的规定，向水行政主管部门或者流域管理机构申请领取取水许可证，并缴纳水资源费，取得取水权。将取得取水许可证和缴纳水资源费作为取得取水权的前提条件，这就为进一步健全完善我国的水资源权属法律制度和取水许可、水资源有偿使用制度提供了法律依据，为在国家宏观调控下进一步运用市场机制配置水资源创立了法制基础。随着内蒙古自治区水权交易制度实践与创新逐渐取得成效，国家层面的水资源管理顶层设计也陆续吸收采纳了相应的改革成果。例如，2006 年国务院颁布的《取水许可和水资源费征收管理条例》在原来单纯依靠行政配置的水资源管理制度上实现了重大突破，在吸收借鉴内蒙古、宁夏水权交易经验的基础上，提出“依法获得取水权的单位或者个人，通过调整产品和产业结构、改革工艺、节水等措施节约水资源的，在取水许可的有效期和取水限额内，经原审批机关批准，可以依法有偿转让其节约的水资源，并到原审批机关办理取水权变更手续。”

2. 盟市间水权交易

随着内蒙古自治区经济社会的发展和京津冀地区对清洁能源需求的加大，自治区工业项目需水持续大幅度增加。据 2014 年统计，仅鄂尔多斯市因无用水指标而无法开展前期工作的项目就有 100 多个，需水量达 5 亿 m^3 左右。通过近些年盟市内水权转换试点工作，除河套灌区以外，其他灌区的节水潜力已经不大。河套灌区引黄用水量占全区引黄总量的 80%左右，其灌溉水利用系数不足 0.40，用水浪费严重，节水潜力巨大。党的十八大报告提出“积极开展水权交易试点”；《国务院关于进一步促进内蒙古经济社会又好又快发展的若干意见》（国发〔2011〕21 号）明确提出“加快水权转换和交易制度建设，在内蒙古自治区开展跨行政区域水权交易试点”。同时盟市间水权转让也是落实最严格水资源管理制度的重要内容，可为内蒙古自治区经济社会可持续发展提供水资源支撑和保障。在水利部和黄河水利委员会的大力支持下，内蒙古自治区开展了盟市间水权转让工作。同年，内蒙古自治区被选入水利部 7 个水权试点之一。

盟市间水权交易工作的总体目标和思路为：通过企业投资河套灌区进行节水改造工程建设，以及整合大型灌区节水改造等项目的投入，2020 年以前完成河套灌区节水改造工程建设，节水量为 10 亿 m^3 左右，扣除超指标用水量后可转让水量为 5.6 亿 m^3，试点工作暂按转让 3.6 亿 m^3 考虑，其余 2 亿 m^3 转让指标视 3.6 亿 m^3 转让指标实施情况另行启动，2020 年前完成河套灌区节水改造，实现河套灌区转换后指标内用水。3.6 亿 m^3 转让指标分三期实施，实施期为 2013—2020 年。一期工程项目区选在河套灌区的沈乌干渠控制的区域。该灌域引黄灌溉面积为 78 万亩，现状用水量为 5.4 亿 m^3。该灌域有独立的取水口，便于计量和监控；灌域多为沙质土，输水损失较大，输水渠道较长，节水效果明显；与其他灌域基本没有水力联系，集中连片，易体现效果；

灌域大部分为农场管辖，社会矛盾易于解决，便于试点的实施。该灌域现状用水量为5.4亿m^3，取水许可量为4.5亿m^3，灌域可节水量为2.2亿m^3，转让水量约1.2亿m^3，总投资约18亿元，单方水转让直接费用约15元。

为加快推进水权试点工作，落实完成试点目标，内蒙古自治区人民政府2014年1月批转了《内蒙古自治区盟市间黄河干流水权转让试点实施意见（试行）》。按照该意见，试点首期转让水权指标1.2亿m^3。试点工作本着先易后难的原则，优先选择节水潜力大的灌区开展节水工程建设，已经完成的一期试点工程主要对河套灌区沈乌灌域现有5.81万hm^2灌溉范围的灌区输配水渠道工程、田间灌溉工程进行节水改造和配套建设，工程总投资18亿元。转让水指标已经分配给鄂尔多斯市、阿拉善盟、乌海市的十余个工业项目。该文件对盟市间水权转让的原则、总体目标、实施主体、责任分工以及资金管理等均予以明确。巴彦淖尔市人民政府印发了《关于促进河套灌区农业节水的实施意见》，积极支持盟市间水权转让工作。

2014年4月，黄河水利委员会对《内蒙古黄河干流水权盟市间转让河套灌区沈乌灌域试点工程可行性研究报告》进行了批复。为了推进试点工程建设，综合考虑各区域前期工作进展和工程施工安排，自治区水利厅将试点项目分为3个初设报告进行批复，于2013年11月完成了该初设（一）的批复并开工建设，初设（一）需对30.3km干渠进行衬砌，目前已经全部完成，完成工程投资1.1亿元。经自治区人民政府同意，1.2亿m^3转让水量已经分配给有关地区。其中鄂尔多斯市1.15亿m^3，阿拉善盟0.05亿m^3。

2016年1月，内蒙古盟市间水权转让工作领导小组办公会议审议通过《内蒙古黄河干流水权收储转让工程建设管理办法》和《内蒙古黄河干流水权收储转让工程资金管理办法》，为试点工程的建设顺利实施、资金按时到位提供保障。

在原盟市内水权交易基础上，继续创新性地推进盟市间水权交易探索，及时成功解决企业上马项目用水的燃眉之急，也为水利部开展国家水权制度建设、吸引社会资本投入水利工程建设等工作提供了借鉴。2016年，水利部印发《水权交易管理暂行办法》，在综合内蒙古、宁夏、新疆、河南、广东等地区现有水权交易案例的基础上，提出：水权交易是指在合理界定和分配水资源使用权的基础上，通过市场机制实现水资源使用权在地区间、流域间、流域上下游、行业间、用水户间流转的行为。2015年国家发展改革委、财政部、水利部印发《关于鼓励和引导社会资本参与重大水利工程建设运营的实施意见》，充分考虑到了内蒙古的水权交易模式，提出“开展水权确权登记试点，培育和规范水权交易市场，积极探索多种形式的水权交易流转方式，鼓励开展地区间、用水户间的水权交易，允许各地通过水权交易满足新增合理用水需求，通

过水权制度改革吸引社会资本参与水资源开发利用和节约保护。依法取得取水权的单位或个人通过调整产品和产业结构、改革工艺、节水等措施节约水资源的，可在取水许可有效期和取水限额内，经原审批机关批准后，依法有偿转让其节约的水资源。在保障灌溉面积、灌溉保证率和农民利益的前提下，建立健全工农业用水水权转让机制。”

3. 市场化水权交易

以2013年自治区水权收储转让中心的成立为标志，内蒙古黄河流域水权交易市场化正式开始。15年多的不断探索，相关政策的不断健全，也促进了内蒙古自治区水权市场的不断发展。市场化水权运作，逐渐减弱了政府无偿配置资源的作用，强化了水资源市场化调整在经济结构调整中的地位，有效地促进了水权逐渐向高效率、高效益行业和企业流转。内蒙古自治区水权试点工作开展后，按照自治区水行政主管部门的统一部署，自治区水权收储转让中心先后与十多家用水单位签订了《内蒙古黄河干流水权盟市间转让合同书》，分期分批将收到的水权转让合同资金用于开展河套灌区节水改造工程建设。然而，受到国际国内经济形势等因素影响，合同执行情况不理想。

在此期间，内蒙古自治区先后制定出台了一系列制度文件，为水权交易的市场化提供支撑。2014年12月，内蒙古自治区人民政府印发《内蒙古自治区闲置取用水指标处置实施办法》，促进了水资源高效利用和有效保护，为闲置水指标的处置提供了依据。2017年2月，内蒙古自治区人民政府印发《内蒙古自治区水权交易管理办法》，对交易平台程序、交易类型、交易范围、交易费用和期限、交易管理等作出了具体规定，该办法是内蒙古自治区首个规范水权交易的规范性文件，该办法的出台是对国家和内蒙古自治区的有关规定的细化和补充，使水权转让工作有法可依、有章可循，为充分发挥市场的作用和更好地发挥政府的协调和监督作用，探索和规范地区间、流域间、行业间、用水户间等水权交易方式提供了有力保障。

为盘活水资源存量，深化落实水权制度改革，有效利用市场机制促进水资源集约、高效利用，依据2014年出台的《内蒙古自治区闲置取用水指标处置实施办法》，2016年内蒙古自治区水利厅将盟市间水权转让过程中未履行水权转让合同企业的2000万m^3闲置水指标收回，由自治区水权收储转让中心通过中国水权交易所进行公开交易，最终与5家用水单位成功签约。利用中国水权交易所进行市场化的公开交易，及时收回了5亿元水权转让合同资金，推动了内蒙古河套灌区节水工程的建设。公开交易的成功签约，是内蒙古自治区通过市场机制配置水资源的首次重要实践与重大举措，对水权制度建设具有里程碑意义，同时也引领并带动了今后水权制度建设的发展。

四、水权交易制度创新的亮点和经验

内蒙古黄河流域水权交易制度创新具有深刻的理论基础，通过16年的实践探索，探索出了一条制度创新的具体路径，形成了一系列亮点和经验。

（一）从实行流域统筹入手，探索出了破解水资源供需矛盾的新路子

水资源供需矛盾是沿黄地区乃至西北内陆河及华北地区共同面临的问题，在这些地区，缺水已经成为制约经济社会发展的主要瓶颈。破解水资源供需矛盾，必须实行节水优先、空间均衡。从国内水权交易实践及内蒙古黄河流域原先盟市内的水权转让实践上看，传统上解决水资源供需矛盾的方式，主要是从本区域内农业节水入手，将农业节约出的水权转换给工业企业。然而，受制于本地节水潜力的“天花板”效应，这种方式也面临着总量上的瓶颈制约。内蒙古自治区在盟市间水权转让试点中，从流域统筹入手，着眼于内蒙古黄河全流域内的农业节水潜力，利用沿黄不同地区都取用黄河水的便利，着力探索盟市间水权交易，将巴彦淖尔市河套灌区的农业节水指标转让给相邻的鄂尔多斯市和阿拉善盟，拓展了水资源配置的空间和尺度，使水资源供需矛盾的破解从单一区域的角度拓展到全流域的角度，探索出了破解水资源供需矛盾的新路子。

考虑到巴彦淖尔市农业用水原本就存在超取黄河水现象，但由于其自身节水投入能力不足，一直缺乏财力予以解决。水权试点针对该问题进行统筹考虑，实行“边节水、边还账、边转让”，通过巴彦淖尔市河套灌区沈乌灌域一期项目节水2.3489亿m^3，退还超用黄河水1.1489亿m^3，向鄂尔多斯市、乌海市和阿拉善盟转让1.2亿m^3，既解决鄂尔多斯等盟市新增用水需求问题，又逐步解决巴彦淖尔市超取黄河水问题，实现多方共赢。

2003年以来，内蒙古自治区的引黄耗水量从转让前的约60亿m^3降为2018年的40多亿m^3，黄河流域水资源利用效率大幅度提高，配置更加优化合理，实现了区域经济社会发展与生态保护的多赢。

（二）实行政府与市场联动，探索出了跨区域取水权交易的路径和方式

从国内其他地方的水权探索上看，跨区域的水权交易主要由区域政府之间或经政府授权由水利部门代表政府开展水权交易，水权交易相对比较简单，易于操作。但是，2013年内蒙古黄河流域启动的水权交易试点，其重点是探索盟市间的取水权交易，这在内蒙古自治区甚至在国内都没有先例可循。跨区域的取水权交易，涉及区域间水资源配置、区域内对取用水户水资源配置、灌区节水改造、水权交易等多个环节，以及黄河水利委员会、自治区水利厅、盟市水利局、灌区管理单位、工业企业、水权交易平台等多个主体，比较复杂，难

度很大，不可能实行完全的市场交易。在这方面，内蒙古黄河流域以问题为导向，政府与市场联动，针对跨区域水权交易涉及的关键问题进行探索，基本摸索出了跨区域水权交易的路径和方式。其基本做法如下：

（1）由政府主导，做好区域间水资源配置的统筹和协调。自治区人民政府两次召开主席办公会议，研究区域之间的水资源配置事宜，最终协调将巴彦淖尔市的 1.2 亿 m^3 水指标全部配置给鄂尔多斯市和阿拉善盟。

（2）编制可行性研究报告并积极协调黄河水利委员会予以批复。2014 年 4 月，黄河水利委员会印发《关于内蒙古黄河干流水权盟市间转让河套灌区沈乌灌域试点工程可行性研究报告的批复》（黄水调〔2014〕147 号），明确同意通过开展节水工程改造，实现节约水量 2.3489 亿 m^3，可转让水量 1.2 亿 m^3 的目标。

（3）组建交易平台和组织开展灌区节水改造。经自治区主席办公会议决定，由内蒙古水务投资集团牵头组建自治区水权收储转让中心，作为自治区水权收储转让的交易平台，推进自治区境内盟市间水权交易工作。自治区水权收储转让中心成立后，由其负责向企业收取水权交易资金，并按照灌区节水改造工程年度资金使用计划及工程实施进度分批安排资金。

（4）政府与市场运作相结合，由工业企业、灌区管理单位和水权交易平台签订水权交易合同，开展灌区节水改造和水权交易。期间，对于企业购买水权指标后不按照协议履约的，作为闲置取用水指标予以收回并通过水权交易平台进行交易。

（三）以闲置取用水指标处置为突破口，探索出了盘活存量水资源的新思路

伴随着最严格水资源管理制度的实施，在用水总量的刚性约束下，如何盘活存量水资源，成为缺水地区破解水资源供需矛盾的重中之重。考虑到存量水资源除了取用水户采取措施节约的水资源之外，更重要的是取用水户因各种原因形成的闲置的水资源。对于闲置的水资源，由于其不是取用水户自身采取节水措施节约的水资源，无法按照《取水许可和水资源费征收管理条例》的规定开展水权交易。在这种情况下，内蒙古自治区本着改革精神，积极探索，建立了闲置取用水指标认定和处置机制，探索出了盘活存量水资源的新思路。2014 年 12 月，经自治区人民政府同意，自治区人民政府办公厅印发了《内蒙古自治区闲置取用水指标处置实施办法》，为闲置取用水指标的认定和处置提供了法律依据。其基本做法如下：

（1）明确界定闲置取用水指标的范围。将水资源使用权法人未按行政许可的水源、水量、期限取用的水指标或通过水权转让获得许可、但未按相关规定履约取用的水指标认定为闲置取用水指标，具体包括六种情形：①项目尚未取得审批、核准、备案文件，但建设项目水资源论证报告书批复超过36个月的；②项目已投产，使用权法人未按照相关规定申请办理取水许可证的；③水权转让各方在签订水权转让合同后6个月内，使用权法人没有按期足额缴纳灌区节水改造工程建设资金的；④水权转让项目使用权法人在节水改造工程通过核验后，不按规定按时、足额缴纳水权转让节水改造工程运行维护费、更新改造费等应由受让方缴纳的费用的；⑤项目已投产并申请办理取水许可手续，但近2年实际用水量（根据监测取用水量，按设计产能折算后计）小于取水许可量的部分；⑥项目已投产，使用权法人未按照许可水源取用水，擅自使用地下水或其他水源超过6个月的。

（2）按照分级管理的原则，由旗县级以上水行政主管部门实施闲置取用水指标认定，并向使用权法人下达《闲置水指标认定书》。

（3）实行闲置取用水指标收储和处置。其中，经自治区水行政主管部门认定和处置的闲置水指标必须通过自治区水权收储转让中心交易平台进行转让交易。在形成闲置水指标6个月内没有认定及处置的，上一级水行政主管部门有权对该闲置水指标收回并统筹配置。

从实践上看，目前闲置取用水指标处置机制已经开始发挥效力，内蒙古自治区先后两次开展了0.2亿m^3和0.415亿m^3闲置取用水指标收回和公开交易工作，有效盘活了存量水资源，标志着内蒙古黄河流域水权改革进入向市场化迈进的新阶段。

（四）以水权收储为抓手，探索出了解决水资源供需不匹配问题和水权交易平台持久运行的关键

从内蒙古自治区和国内其他地区水权实践上看，在水权交易推进过程中，买方和卖方经常存在供需不匹配的情况，主要有买卖双方的水资源数量不匹配以及因买方或卖方分散形成的水权交易主体不匹配等。供需之间的不匹配，客观上增加了交易成本，导致交易出现困难甚至无法成交。在这种情况下，内蒙古黄河流域从改革实践需求出发，及时探索建立健全水权收储机制，较好解决了水资源供需不匹配问题，也为水权交易平台持久运行提供了重要支撑。其基本做法如下：

（1）成立专门从事水权收储和转让的机构。经自治区主席办公会议决定，由内蒙古水务投资集团牵头组建自治区水权收储转让中心，作为自治区水权收储转让的交易平台。

（2）明确水权收储的主要类型：①授权收储，将水权收储机制与闲置取用水指标处置机制相衔接，对于自治区认定的闲置水指标，授权由水权收储转让平台进行收储；②主动收储，参考合同节水管理的做法，拟由自治区水权收储

转让中心投资节约取用水指标，对于节约出的水权由中心进行收储。

(3) 由自治区人民政府颁布《内蒙古自治区闲置取用水指标处置实施办法》和《内蒙古自治区水权交易管理办法》，将水权收储机制予以制度化和规范化。

从实践上看，自治区水权收储转让中心成立后，积极发挥其在水权收储和水权交易方面的作用，已经先后与内蒙古河套灌区管理总局和47家受让企业签订三方合同，在促成盟市间水权交易和处置闲置取用水指标方面发挥了重要作用。在自治区水权收储转让中心成立之后，河南省、宁夏回族自治区等地也相继成立了水权收储转让平台，充分体现了水权收储机制对于水权交易顺利开展的重要性。

（五）以统筹推进相关改革为抓手，发挥出了水权改革与吸引社会资本的联动效应

水权改革与吸引社会资本参与水利工程建设与运营等紧密相关。内蒙古黄河流域在推进水权交易过程中，统筹推进相关改革，发挥出了改革之间的合力，形成了改革的联动效应。

(1) 水权改革与吸引社会资本的联动。按照《国务院关于创新重点领域投融资机制鼓励社会投资的指导意见》(国发〔2014〕60号) 提出的"鼓励社会资本通过参与节水供水重大水利工程投资建设等方式优先获得新增水资源使用权"精神，通过盟市间水权交易方式，吸引社会资本投入灌区节水改造。截至一期水权项目工程验收，应收的水权转让项目资金176925万元已全部收到，不仅解决了灌区节水改造所急需的资金，而且解决了工业企业发展所急需的水权指标。

(2) 水权改革与拓宽水利企业融资渠道的联动。传统银行业务办理履约担保时需要企业提供足额资产抵押或者100%保证金，造成大量资金沉淀，无法将有效的资金用于水权转让项目施工或材料供应，同时办理时提供的资料复杂，周期长，影响施工合同的签订，进而影响施工进度。内蒙古自治区水权收储转让中心与内蒙古蓝筹融资担保股份有限公司专门针对黄河盟市间水权转让工程创新推出"水源保"履约担保产品，为内蒙古黄河干流水权盟市间转让中的4.3亿元工程累计提供履约担保4300余万元。不仅解决了施工单位与材料供应单位的燃眉之急，还为中标企业资金增加了流动性，降低了经营成本，使得承包商将更多的资金投入到水利施工生产中。

五、小结

内蒙古黄河流域水权交易制度的产生和发展，是水资源管理领域制度创新

推动的，其背后有着深厚的理论支撑：①马克思主义政治经济学认为，生产关系不是固定不变的，而是随着生产力的提高和其他因素的变化不断向前发展的。同时，一个社会的产权制度会对其生产力的发展有重要的反作用。内蒙古黄河流域水权交易制度正是进入 21 世纪以来，内蒙古自治区生产力发展进入新阶段，经济发展进入工业化中后期的必然产结果。②现代西方制度经济学认为，制度创新是由于在现存制度下出现了潜在获利机会，这些潜在利益是由于市场规模的扩大，生产技术的发展或人们对现存制度下的成本和收益之比的看法有了改变等因素引起的。内蒙古黄河流域水权交易制度的创新，是在当地水资源总量有限、最严格水资源管理制度实施、当地城市化和经济社会发展所导致的水资源消耗增加、传统水资源配置手段无法满足用水户需求等条件或要素作用下的必然结果。

从理论出发，结合内蒙古黄河流域资源禀赋和经济社会发展状况，可以总结出内蒙古黄河流域水权交易制度创新的诱因：①经济发展和产业结构高级化是根本动因。2000—2018 年，内蒙古自治区是中国经济发展最快的省（自治区、直辖市）之一，产业结构实现了由轻工业为主向重工业为主的转变，经济发展阶段经历了从工业化初期向工业化中后期的转变。产业结构的变化必然带来用水结构的变化，为了适应新的用水结构需求，需要调整原有的用水结构，但是原有水资源管理制度在一定程度上制约了用水结构的调整，为此，需要根据实践需求，初步建立水权水市场制度，以制度创新突破水资源对经济社会发展的制约。②自然资源禀赋矛盾是基础动因。资源型产业和资源深加工产业的发展都离不开水资源的支撑，水资源是产业发展必不可少的资源。但是由于自然资源分布不均衡，在区域内集聚了大量的矿产资源而产业开发所需的水资源短缺，需要创新制度，促进水资源的优化配置和高效利用。③水资源管理制度不断完善是直接动因。进入 21 世纪以来，内蒙古自治区一直在探索提高水资源的利用效率和配置效率，把水资源的使用和管理模式从“开发利用型”向“节水效率型”转变的水资源管理手段，为开展水权制度建设提供了重要的水资源管理基础。

内蒙古黄河流域水权交易的制度需求，来源于经济社会发展过程中，微观经济主体（如企业）在进行微观区位选择、开展生产经营面临的实际困难，也来源于政府在进行经济社会发展规划、产业规划，并促进规划落地的过程中所面临的实际问题，因此改革主体需要主要来源于基层，改革程序也是自下而上的，在改革顺序上先易后难、先试点后推广，可以看出内蒙古黄河流域水权交易制度创新的路径是诱致性制度变迁。

内蒙古黄河流域水权交易制度创新形成了一系列亮点和经验：①从实行流域统筹入手，探索出了破解水资源供需矛盾的新路子；②实行政府与市场联动，探索出了跨区域取水权交易的路径和方式；③以闲置取用水指标处置为突破口，探索出了盘活存量水资源的新思路；④以水权收储为抓手，探索出了解决水资源供需不匹配问题和水权交易平台持久运行的关键；⑤以统筹推进相关改革为抓手，发挥出了水权改革与吸引社会资本的联动效应。

第四章　内蒙古黄河流域水权交易制度框架构建

根据当前全面深化改革的新形势、我国水权改革要求以及内蒙古黄河流域水权交易制度建设实践需求，基于水权确权与交易基础理论，借鉴国内外相关经验，本章研究提出了内蒙古黄河流域水权交易制度框架构建的基本思路、框架构建及实施步骤。

一、基本思路

（一）指导思想

贯彻落实党的十八大、十九大以及十八届三中全会精神，按照“节水优先、空间均衡、系统治理、两手发力”的新时代治水思路，立足当前水利改革发展新形势及我国水权制度建设新要求，紧扣内蒙古黄河流域水权交易制度建设实践需求，充分运用水权确权与交易基础理论，有效借鉴国内外相关经验，坚持制度传承与制度创新相结合，统筹兼顾、因地制宜、先易后难、分类推进，建立健全水权权利体系，以水权确权为重点，逐步完善水资源配置和管理机制；以推动水权交易为重点，逐步实现多种形式的水权流转方式；以培育水市场为重点，逐步建立高效规范的市场体系；以加强水资源用途管制为重点，逐步强化水权水市场监管，进而逐步形成归属清晰、权责明确、保护严格、流转顺畅的水权交易制度体系，使市场在资源配置中起决定性作用和更好发挥政府作用，实现水资源更合理的配置、更高效的利用、更有效的保护，以水资源的可持续利用支撑内蒙古黄河流域经济社会的可持续发展。

（二）基本原则

1. 坚持政府与市场两手发力

水资源是典型的公共产品，水市场严格来说是一种准市场。内蒙古黄河流域水权交易制度建设，必须要坚持政府和市场两手发力。一方面，要充分发挥政府作用，要在用水总量控制、水量分配、水权确权登记、用途管制、水市场培育与监管等方面更好发挥政府作用；另一方面，在权属清晰之后，就应当按照市场经济的一般规律，依据市场规则、市场价格和市场竞争，激励取用水户节约用水，促进水权合理流转，优化水资源配置，提高水资源利用效率和效益。

2. 坚持顶层设计与实践探索相衔接

内蒙古黄河流域水权交易制度建设，必须要坚持顶层设计与实践探索相衔接。既要从经济社会发展需求和实行最严格水资源管理制度的内在要求出发，设计好水权确权、水权交易规则体系、水市场监管体系和风险防控体系等，加强水权水市场建设的总体谋划；也要与实践探索相结合，尊重基层首创精神，对已开展的水权确权和水权交易试点的经验及时进行总结提炼，并适时上升为制度规范，为全国层面逐步开展的水权水市场建设积累经验、创造条件。

3. 坚持保障公平与注重效率相统筹

水资源是稀缺性资源，有稀缺就有竞争。利用市场机制对稀缺的水资源进行配置的过程中，商业和经营性用水具有很多优势，农业和生态用水大多处于弱势地位。内蒙古黄河流域水权交易制度建设，必须坚持保障公平与注重效率相统筹，既要鼓励通过确权和交易推动水资源依据市场规则、市场价格和市场竞争，实现效益最大化和效率最优化；又要切实加强水资源用途管制和水市场监管，区分生活、农业、工业、服务业、生态等用水类型，明确水资源使用用途，保障公益性用水需求和取用水户的合法权益，防止以水权交易之名套取用水指标，更不能打着市场的旗号，变相挤占农业、生态用水。

4. 坚持大胆创新与稳妥推进相结合

水权水市场建设是水资源领域一项重大的、基础性的机制创新和制度改革，是在新形势下生态文明制度建设的重要内容，是利用市场机制促进水资源节约保护、优化配置和高效利用的重要举措。内蒙古黄河流域水权交易制度建设，必须坚持大胆创新与稳妥推进相结合，既需要按照社会主义市场经济改革的方向，大胆进行水权水市场建设的制度创新，逐步形成反映市场供求、资源稀缺程度的水资源价格体系；又要积极稳妥、因地制宜地分类推进水权水市场建设，区分公益性用水和经营性用水、新增用水和现状用水制定不同的水权确权和水市场建设方案，因地制宜地开展与当地需求相适宜的水权水市场建设。

（三）具体思路

（1）突出内蒙古黄河流域特色与需求。受各流域和各地区的区情水情差异所决定，我国的水权水市场建设具有很强的流域性和区域性特征。为此，内蒙古黄河流域水权交易制度建设必须要立足黄河流域水资源状况和内蒙古自治区经济社会发展及水资源情况，紧扣内蒙古黄河流域水权交易制度建设实践需求。着眼于内蒙古自治区水权改革实践探索现状，目前已开展的水权交易主要是盟市内与盟市间的农业节水向工业用水的交易以及闲置取用水指标的交易。随着水权改革实践探索的深入，内蒙古黄河流域的水权交易类型还会进一步丰富，如潜在取用水户间的交易、再生水水权的交易等，与之相应的制度建设需要及时跟进。随着国家水权制度顶层设计的进一步推进，内蒙古黄河流域水权交易制度框架也需要及时跟进与调整。

（2）充分运用既有水权基础理论研究成果。当前，国家水权水市场建设研究已取得了较为丰硕的研究成果。相关研究成果系统分析了水权、水资源所有权、取水权、用水权等概念，构建了水权权利体系；运用物权理论，阐释了水资源所有权和使用权的实现方式和主要制度，构建了与自然资源资产产权制度相适应的水权制度体系；界定了在水资源配置不同环节政府与市场各自发挥的作用，构建了配置体系；阐释了区域间、取用水户间和政府有偿出让等不同类型水权交易的条件、内容和程序，构建了流转体系；阐释了水资源用途管制和水市场监管的重点内容和主要措施，构建了监管体系；提出了水权改革顶层设计方案（两类确权、三种交易、两级市场）。内蒙古黄河流域水权交易制度建设，不是要另起炉灶，而是要在现有水权水市场相关基础理论研究基础上，进一步结合内蒙古黄河流域的特殊区情、水情，提出适应地区和流域特点的水权交易制度体系，进一步丰富和发展现有水权相关理论。

（3）符合水权改革趋势与方向，兼顾水权水市场建设体系性要求。内蒙古黄河流域水权交易制度建设，除了要突出流域和地方的特色与需求之外，还应当符合水权改革趋势与方向，兼顾水权水市场建设的体系性要求，进而形成相对完整的制度体系。从水权改革的趋势和方向上看，当前水权改革总体尚处于起步阶段，水权确权难度较大，水权交易推进较为困难，水权监管也存在不足；而且受当前国家法律法规制约，一些工作尚难以开展。不过也要看到，未来一段时期是内蒙古黄河流域水权交易制度建设的关键期，可以预见，当前制约水权改革的一些因素将逐步破解，一些对水权水市场建设具有关键推动作用的制度将逐步得到确立，政府与市场在水资源配置方面的两手发力格局将越发成型。从国家对水权水市场建设的部署和国内其他省份的做法看，水权水市场建设体系主要由三大体系构成（图4-1)：一是水权配置体系，其重点是明确区域和取用水户的水权；二是水权流转体系，其重点是探索开展多种形式的水

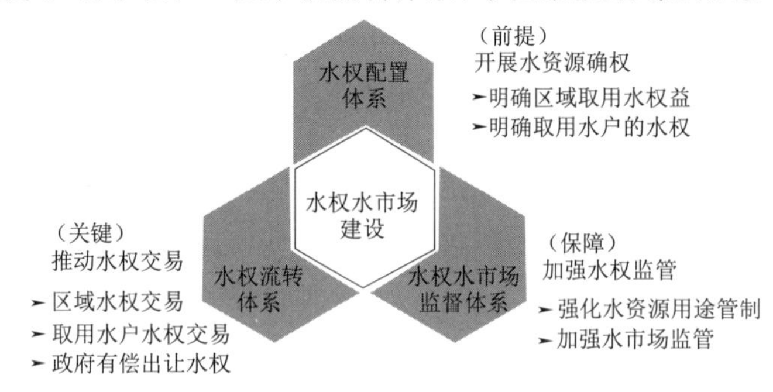

图4-1　水权水市场建设体系

权交易；三是水权水市场监管体系，其重点是加强水资源用途管制和水市场建设。从兼顾水权水市场建设体系性要求出发，内蒙古黄河流域水权交易制度建设，也需要从水权确权、水权交易、水权监管三方面加以构建。

（4）有效借鉴国内外相关经验。从国内情况看，改革开放以来，土地、矿产、森林等自然资源领域都在积极探索推进产权制度改革，目前土地使用权、探矿权、采矿权、林权已经在不同程度上实现了资产化管理。党的十八届三中全会以来，党中央、国务院还进一步推进排污权、农村土地经营权、国有林权等领域的改革，并实行不动产统一登记。此外，宁夏、甘肃、江西、河南、广东、山东、河北、新疆、湖北宜都等地区也先后就水权确权、水权交易、水市场建设、政府有偿出让水资源使用权等进行了卓有成效的探索，积累了一些好的经验。从国外情况看，美国、澳大利亚、英国、日本、智利、墨西哥等资本主义国家，也基于本国私有制、水资源大多依附于土地资源（私有财产）等实际情况，建立了适应本国国体的水权制度，积累了一些好的经验和做法。内蒙古黄河流域水权交易制度建设，必须有效借鉴国内土地、矿产、森林等自然资源产权制度改革经验，以及国内外水权水市场建设经验，去粗取精、去伪存真，提高制度建设的科学性、系统性、针对性和有效性。

（5）坚持制度传承与制度创新相结合。一方面，必须要实现制度传承，与现有制度有效衔接。新制度框架的构建，是以既有制度为基础的，并非毫无根基的“空中楼阁”，否则没有现实意义，不具有操作性。构建内蒙古黄河流域水权交易制度框架，必须要继承和发展该区域现有水资源管理与水权交易体制机制，并实现与现有制度的有效衔接。另一方面，必须要结合新形势、新要求和新需要，实现制度创新。内蒙古黄河流域水权交易制度建设，必须要深入贯彻落实党的十八大、十九大精神和习近平新时代中国特色社会主义思想，必须要按照“节水优先、空间均衡、系统治理、两手发力”新时代治水思路新要求，必须要立足当前水利改革发展、我国水权制度建设等新需求，切实有效解决内蒙古黄河流域水权确权、水权交易、水市场建设、水权监管等特殊问题，提出更切合实际、切实有效的制度，实现制度创新。

二、框架构建

按照上述原则，本书构建了内蒙古黄河流域水权交易制度框架，如图 4-2 所示。总的制度框架包括水权确权制度体系、水权交易制度体系、水权监管制度体系和相关配套制度体系四个部分。

（一）水权确权制度体系

水权确权是开展水权交易和监管的前提，通过制定和完善相应制度，对不

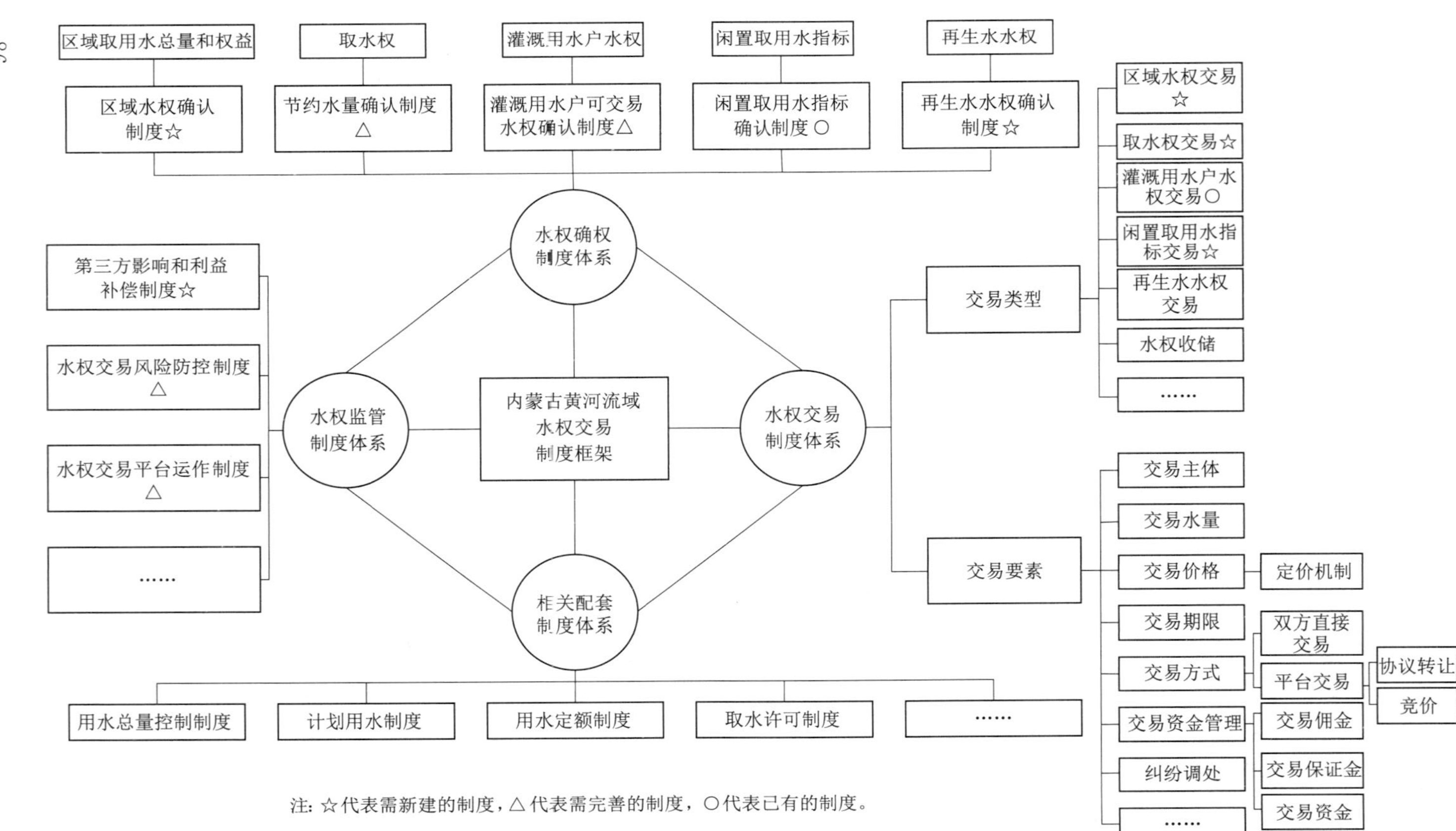

图 4－2　内蒙古黄河流域水权交易制度框架

同类型水权完成拥有者、水量、年限、权利和义务等因素的确认，进而为开展水权交易和监管奠定基础。结合内蒙古黄河流域的水权类型，该部分的基本制度应包括区域水权确认制度、节约水量确认制度、灌溉用水户可交易水权确认制度、闲置取用水指标确认制度及再生水水权确认制度五个部分。

（1）区域水权确认制度。区域水权确认制度是确认区域取用水总量和权益的制度。区域取用水总量是按照《国务院办公厅关于印发实行最严格水资源管理制度考核办法的通知》（国办发〔2013〕2号）以及地方人民政府确定下一级区域用水总量控制指标的文件，逐级分解到自治区、盟市、旗县的区域可分配水量和用水总量控制指标，是再分配给区域内取用水户水权以及开展区域水权交易的基本依据。

（2）节约水量确认制度。取水权是直接从江河、湖泊或者地下取用水资源的单位和个人（以下简称“取用水户”）通过申领取水许可证、缴纳水资源费，依法享有的水资源占有、使用和收益的权利。对于已经办理取水许可证、取得取水权的取用水户，通过调整产品和产业结构、改革工艺、节水等措施节约的水资源，县级以上人民政府水行政主管部门应当予以确认。节约水量确认制度属于取水权确权制度范畴，是县级以上人民政府水行政主管部门确认取用水户节约水量的制度。

（3）灌溉用水户可交易水权确认制度。灌溉用水户可交易水权确认制度属于灌溉用水户水权确权制度范畴，是确认灌溉用水户可交易水权的制度。对于灌区内用水户用水权，县级以上地方人民政府或授权水行政主管部门可采取发放用水权属凭证、下达用水指标或按照行业用水定额测算用水量等多种方式，确认农民用水合作组织、农户或其他用水户的用水权。对于农村集体经济组织水使用权，县级人民政府可以根据需要向农民用水合作组织、村民小组或村民委员会发放农村集体经济组织水使用权凭证，也可以结合农村小型水利工程产权改革，在水利工程设施权属证书上记载用水份额及其权利。

（4）闲置取用水指标确认制度。闲置水指标是指水资源使用权法人未按行政许可的水源、水量、期限取用的水指标或通过水权转让获得许可但未按相关规定履约取用的水指标。闲置取用水指标确认制度是指旗县级以上水行政主管部门依法依规认定闲置取用水指标的制度。

（5）再生水水权确认制度。再生水水权确认制度是指符合一定条件时，由水行政主管部门核定并确认再生水水权的制度。再生水水权是指污水处理企业通过采取进一步处理措施后，使再生水水质达到一定标准并经具有取水许可管理权限的水行政主管部门认可后，直接排入江河、湖泊，置换并获取的取用水指标。

区域水权确认制度、再生水水权确认制度虽然在现有水权制度体系中没有涉及，但区域水权交易、再生水水权交易是内蒙古黄河流域潜在的水权交易类型，随着市场化水权交易探索的深入，是存在发生可能的，因此需要在确权制度体系中予以考虑并新建。在取水许可管理和农业水价综合改革中，已相应地开展了节约水量确认制度、农业水权确权制度的建设，下一步，需要围绕水权交易探索的需要予以细化完善。当前的水权交易制度体系已相应地建立了闲置取用水指标确认制度，并用于指导实践，尚能满足当前实践需要。

（二）水权交易制度体系

开展水权交易是借助市场机制提高水资源利用效率、发挥水资源价值的有效手段。服务于水权交易，考虑到不同的水权交易形式，该部分的制度体系可由区域水权交易制度、取水权交易制度、灌溉用水户水权交易制度、闲置取用水指标交易制度、水权收储制度、再生水水权交易制度六项基础制度构成。随着水权交易形式的进一步丰富和衍化，还可以进一步扩充。这五项基础制度的构建，均需要根据实际情况对其构成的交易要素进行审核，如交易主体的资格、水权交易价格的定价机制、交易期限、水权的类型、可交易的水量、交易程序、相关资金的管理、潜在纠纷的调处等。

（1）区域水权交易制度。区域政府或者其授权的部门或单位，可以依据区域用水总量控制指标、江河水量分配方案或者跨流域调水工程分水指标，在协商的基础上，对年度水量调度计划内或一定期限内富余的水量进行交易。缺水地区要优先通过节水措施解决水资源短缺问题，实施节水措施仍然无法满足本地区合理用水需求的，可通过区域水权交易予以解决。交易水量纳入出让方用水总量控制指标。

（2）取水权交易制度。依法获得取水权的取用水户，通过调整产品和产业结构、改革工艺、节水等措施节约水资源的，在取水许可的有效期和取水限额内，经原审批机关批准，可以依法有偿转让其节约的水资源，并到原审批机关办理取水权变更手续。对有偿转让的水资源，由交易双方共同的上一级水行政主管部门或流域管理机构对节约的水量进行评估认定。

（3）灌溉用水户水权交易制度。灌区农民用水合作组织或农户可以开展用水权交易，同一农民用水合作组织内部的交易，由农民用水合作组织统一协调、用水户之间平等协商，跨农民用水合作组织的交易由灌区管理单位协调。政府或其授权的水行政主管部门、灌区管理单位可利用节水奖励基金等对农民用水合作组织或农户节约的水量进行回购，保障用水户获得节水效益。在满足区域内农业用水的前提下，用水户节约的水量可以跨区域、跨行业转让。

（4）水权收储制度。为盘活存量水资源、降低交易成本、促进节约用水、培育水权交易市场，必须建立水权收储转让制度。县级以上人民政府或者其授

权的部门和单位，可以通过政府投资节水、直接向取用水户回购节余水量、无偿收回闲置取用水指标等方式收储水权。水权指标收储后，由县级以上（含县级）人民政府通过配置、交易等方式向下一级区域或者建设项目等进行处置。

(5) 再生水水权交易制度。经具有取水许可管理权限的水行政主管部门认可后，污水处理企业与取用水户之间可以开展再生水水权交易。污水处理企业采取进一步处理措施使再生水水质达到一定标准并直接排入江河、湖泊，置换取用水指标，用水单位经水行政主管部门确认后取得取水权。

结合内蒙古黄河流域水权交易制度建设和实践现状，认为需要新建区域水权交易、取水权交易、灌溉用水户水权交易、再生水水权交易等类型的交易制度体系；需要完善水权收储类型的交易制度体系。闲置取用水指标交易已出台了相应的制度体系。

（三）水权监管制度体系

水权监管的目的在于体现水资源用途管制目的，确保水资源得到合理的优化配置和水权交易的顺利进行。从该角度开展制度设计，认为水权监管制度体系由第三方影响和利益补偿制度、水权交易风险防控制度、水权交易平台运作制度等三部分构成。其中，第三方影响和利益补偿制度是为了将水权交易造成的第三方影响降至最低；水权交易风险防控制度是为了有效规避交易存在的各种潜在风险，如超过区域用水总量控制指标、囤积用水指标牟取高额利润等；水权交易平台运作制度是为了满足对水权交易机构实施行业或部门监管的需要等。

(1) 第三方影响和利益补偿制度。水资源具有强烈外部性特征（包括正外部性和负外部性），要充分考虑第三方利益，避免对公共利益造成重大影响。应当将第三方和公共利益影响评价和补偿，作为水权交易的必经程序和重要约束条件，对于交易双方确实没有能力开展评价和补偿的，或者有其他不适合由交易双方开展评价和补偿的情形，可由政府通过采购服务、代履行等方式开展评价和补偿。

(2) 水权交易风险防控制度。水权交易风险防控制度是指有效识别水权交易中的自然气候、管理、合同履约、廉政等方面的风险，并通过识别风险源、加强风险预警、强化应对措施等，严格控制交易各类风险的制度总称。

(3) 水权交易平台运作制度。水权交易平台是运用市场配置水资源的有效载体，是水权交易活动的中介组织，是水市场建设的重要内容，水权交易平台建设对于积极培育水市场、推动水权交易等方面具有重要作用。水权交易平台运作制度包括交易平台建设、功能拓展、信息发布、费用支付、交易监管、纠纷调解等内容。

随着水权改革实践的深入，需要切实考虑各种水权交易类型会涉及的第三方，建立相应的影响和利益补偿机制，切实降低对第三方的影响。此外，还要根据相应开展的水权交易类型，在现有制度基础上完善交易风险防控和交易平台运作机制，使之更好地服务于水权交易，提高平台的运作效率，有效规避交易风险。

（四）相关配套制度体系

内蒙古黄河流域水权交易制度框架是在既有的水资源管理制度上构建起来的。为此，需要既有的相关水资源管理制度进行支撑，如用水总量控制制度、计划用水制度、用水定额制度和取水许可制度等。

三、实施步骤

针对构建的内蒙古黄河流域水权交易制度框架中需要进一步新建和完善的制度，提出有序推进水权改革，建立健全相应制度的实施步骤。

（一）近期

近期来看，需要尽快开展的制度建设工作包括：①结合水利部出台的《水权交易管理办法（试行）》，有针对性地建立区域水权交易制度，具体包括相应的确认制度、交易程序等；②按照农业水价综合改革推进安排，开展农业水权确权和灌溉用水户水权交易探索；③进一步完善节约水量的认定制度，探索取水权的交易；④结合闲置取用水指标交易，有针对性地健全水权收储相应制度，为开展相关后续交易奠定基础。此外，还要结合实际改革与实践探索的推进，开展水权交易第三方影响评估和利益补偿工作，把控相关交易的风险，进一步完善水权交易平台运作机制。

（二）远期

随着水权改革的进一步深入，要结合内蒙古自治区水权交易实际，丰富完善水权交易类型，也为国家层面推进水权交易提供借鉴。考虑到内蒙古自治区水资源的挖潜能力，要逐步开展论证，针对性地开展再生水水权交易，健全相关确权、交易、定价、监管等方面的制度安排，为推动交易的落地奠定基础。

第五章　内蒙古黄河流域水权交易制度建设重点

在内蒙古黄河流域水权交易制度框架体系中，当前和今后一段时期需要重点建立健全的制度包括水权确权制度、水权收储与交易制度、交易价格形成机制、交易监管制度、第三方影响和利益补偿制度、交易风险防控制度。本章对这六项制度进行深入分析论证。

一、水权确权制度

本部分在阐述水权确权理论和介绍我国水权确权进展的基础上，就内蒙古黄河流域水权交易情况对水权确权的需求进行分析，并结合实际情况阐述该区域开展水权确权的重点工作。

（一）水权确权

1. 水权确权相关理论

（1）水权确权相关概念。目前我国宪法和法律有水资源所有权、取水权两个概念，中央文件使用了水权、水流产权、水资源使用权、用水权等多个概念。对于这些概念，不同的部门、单位和个人有不同的理解。为此，有必要根据现有法律法规体系和政策文件精神，对水权确权相关概念进行梳理和分析。

1）水权。水权有广义和狭义之分。广义上，水权一词与土地权、林权等类似，是与水资源有关的各种权利的总称，包括水资源所有权和从所有权衍生出的水资源使用权。狭义上的水权仅指水资源使用权。水利部印发的《水权交易管理暂行办法》（水政法〔2016〕156 号）明确水权包括水资源的所有权和使用权。考虑到我国水资源属于国家所有，取用水户只能获得水资源使用权，因此有关水权的很多表述中经常只使用狭义的水权概念，即仅指水资源使用权。

2）水资源所有权。水资源所有权是对水资源占有、使用、收益和处分的权利。水资源所有权是由其所有制形式决定的，是水资源的所有制在法律上的表现。《中华人民共和国水法》第 3 条规定：“水资源属于国家所有。水资源的所有权由国务院代表国家行使。”

3）水资源使用权。水资源使用权是指从水资源所有权中分离出来的单位和个人依法对水资源占有、使用和收益的权利。《中华人民共和国物权法》规定："国家所有或者国家所有由集体使用以及法律规定属于集体所有的自然资源，单位、个人依法可以占有、使用和收益。"我国水资源属于国家所有，对国家所有的水资源，可以从所有权中分离出使用权，由单位和个人依法占有、使用和收益。《中华人民共和国水法》规定：国家鼓励单位和个人依法开发、利用水资源，并保护其合法权益。在我国，水资源使用权的表现形式有多种，如取水权和用水权等。

4）取水权和用水权。取水权和用水权都是水资源使用权，但侧重点有所不同。取水权是《中华人民共和国物权法》《中华人民共和国水法》明确规定的一种物权类型，是直接从江河、湖泊或者地下取用水资源的权利，已纳入取水许可管理。按照取与用的特征，可分为两种：一是"既取又用"，包括工业企业等自备水源取用水户的取水权；二是"只取不用"，包括水库管理单位、灌区管理单位、自来水公司等公共供水单位的取水权。用水权是党的十八届五中全会提出的概念，强调的是终端用水户的水资源使用权，其范围主要包括"既取又用"的工业企业等自备水源取用水户的取水权以及灌区内农业用水户（含使用自有水塘水库水的农村集体经济组织及其成员，下同）的水权。

5）水权确权。水权确权是指依法确认单位或个人对水资源占有、使用和收益的权利的活动。水权确权与用水权初始分配紧密相关，是水资源配置的重要组成部分。在水资源宏观配置中，水权确权体现为明确区域取用水总量和权益。按照最严格水资源管理制度，分解到各行政区域的用水总量控制指标和江河水量分配，是对区域取用水总量和权益的确认，是不同层级政府代表国家履行水资源所有权人的职责和边界，也是对取用水户开展水权确权和用水权初始分配的前提。在水资源微观配置中，水权确权体现为用水权初始分配，既包括对工业企业等自备水源取用水户进行水权确权，也包括对灌区内农业用水户进行水权确权。

（2）水权确权的主要类型。水权确权的类型可以概括为区域取用水总量和权益的确认、取用水户的取水权确认、使用公共供水的用水权确认、农村集体水权确认等四种类型。不同类型的水权确权，其权利内容、权利主体、确权方式存在明显差异，见表5－1。

2. 水权确权相关法律规定

水权确权首先体现在通过有关立法，在法律上对有关内容进行规定。对《中华人民共和国物权法》《中华人民共和国水法》等法律，《取水许可和水资源费征收管理条例》等行政法规，《水量分配暂行办法》等部门规章等进行梳理，可以发现与水权确权有关的法律规定主要体现在以下几方面：

表 5-1　　水权确权类型一览表

类型	确的是什么权	确权给谁	确权形式
区域取用水总量和权益的确认	区域水资源监管权和所有权人权益的混合	区域政府	区域用水指标的相关政策文件
取用水户的取水权确认	取水权：①无偿取得的取水权，权利内容是不完整的，只能转让节约的水资源；②有偿取得的取水权，权利内容是完整的，可以全部转让，并能抵押、入股或合作经营等	直接从江河湖泊或地下取用水资源的取用水户	法律法规的相关规定，并发放取水许可证
使用公共供水的用水权确认	使用公共供水的用水权	使用公共供水的用水户，重点是灌区用水户和城市供水管网内的用水单位	可以采用多种形式，可单独发证，也可不单独发证，还可仅下达用水计划指标或用水定额
农村集体水权确认	农村集体经济组织自有水塘水库水的使用权	农村集体经济组织，有条件的可进一步确权给农户	可单独发证，也可不单独发证

(1) 我国法律对水资源所有权有原则规定。《中华人民共和国宪法》《中华人民共和国物权法》均规定水流属于国家所有，即全民所有，《中华人民共和国水法》进一步规定“水资源属于国家所有。水资源的所有权由国务院代表国家行使”。同时，按照强化资源管理的思路，对国家所有水资源的配置和有偿使用又作了具体规定。配置方面，规定了水资源宏观调配、水资源规划、用水总量控制等制度；有偿使用方面，规定了水资源费征收和使用管理制度。

(2) 我国法律对水资源使用权有一系列规定。现有法律规定了取水权和农村集体经济组织用水权。取水权方面，《中华人民共和国水法》规定“直接从江河、湖泊或者地下取用水资源的单位和个人，应当按照国家取水许可制度和水资源有偿使用制度的规定，向水行政主管部门或者流域管理机构申请领取取水许可证，并缴纳水资源费，取得取水权”。《中华人民共和国物权法》将取水权纳入用益物权，作为一种用益物权，取水权人依法对取用的水资源享有占有、使用和收益的权利。国务院《取水许可和水资源费征收管理条例》及水利部《取水许可管理办法》等，对取水权的配置、管理等作出了具体规定。农村集体经济组织用水权方面，《中华人民共和国水法》总则第3条规定“农村集体经济组织的水塘和由农村集体经济组织修建管理的水库中的水，归各该农村集体经济组织使用”，第25条规定“农村集体经济组织或者其成员依法在本集体经济组织所有的集体土地或者承包土地上投资兴建水工程设施的，按照谁投资建设谁管理和谁受益的原则，对水工程设施及其蓄水进行管理和合理使用。”《取水许可和水资源费征收管理条例》规定，农村集体经济组织及其成员使用本集体经济组织的水塘、水库中的水的，不需要申请领取取水许可证。

3. 内蒙古黄河流域水权确权需求

（1）开展水权交易的需要。产权明晰是交易的前提和基础，是降低交易成本的关键。当前和今后一段时期，内蒙古黄河流域如果需要进一步扩大水权交易的类型和范围，急需开展水权确权，明确水权权属。一是盟市间水权交易。随着沈乌灌域节水改造二期、三期工程的启动和实施，盟市间的水权交易也将随之实施，需要尽快开展确权工作，为交易奠定基础。二是一些市场化的水权交易，如水权收储、闲置取用水指标交易、企业节水交易和再生水水权交易，都需要有针对性地开展确权工作，明晰水权归属、可交易水量等。三是灌区内水权交易。随着灌区内水权确权工作的实施，水权明晰后，当地农户的水权意识会被唤醒，意识到水资源的价值并寻求通过交易来实现水资源价值的变现。

（2）保障取用水户权利的需要。归属清晰、权责明确是物权保障的基本要求，也是建立自然资源资产产权制度的内在要求。《中华人民共和国物权法》《中华人民共和国水法》和《取水许可和水资源费征收管理条例》虽然规定了取水权，但比较原则，未明确界定取水权的权利内容。对取用水户进行确权，有利于确立取用水户作为水资源使用权人的主体地位，是完成水资源使用权与所有权分离、将水资源使用权的各项权能落实到使用者的重要步骤，对于保障取用水户的取用水权利并促进水权交易具有重要意义。例如，在内蒙古黄河流域，各类取用水户，如灌区管理单位、工业企业等，通过向相关水行政主管部门申请办理并取得取水许可证，取得取水权，完成了水资源使用权与所有权的分离，将享有取水权占用、使用和收益的权利。

（3）保障农民用水权益的需要。近年来，随着内蒙古黄河流域经济社会的发展和城镇化进程的加快，存在着调整水资源使用用途，将灌溉用水转向工业和城镇生活用水的可能。在此过程中，由于用水权属不清，存在农民用水权益被侵占的可能。此外，在引黄灌区实施节水工程改造，将灌溉节水交易给企业过程中，虽然目前出台的水权制度文件中对保障农民用水权益进行了规定，但总体上看还是过于笼统的，要使制度真正落地还需要一定的实施措施。而开展农业用水确权，则实现了制度设计的真正落地，一旦出现用水纠纷，农民持有的水权证就能真正发挥权属凭证作用，切实保障农民的合法用水权益。

（4）提升水资源节约保护和高效利用内生动力的需要。总体上看，在内蒙古黄河流域实施灌区节水改造水权交易后，如果进一步实施田间高效节水工程，仍有一定的农业节水空间。如何激发节水动力，提升农民主动性，由“要

我节水”变成“我要节水”，让其自发地接受田间高效节水工程建设并能够做好相应的维修管护工作，确保工程的长效运行，关键在于让农民能够见到节水的好处，能够通过水权交易方式将节约的水转变为经济效益。而通过确权明晰权属，则是实施水权交易的第一步。为此，有必要在引黄灌区具备条件的区域抓紧实施水权确权工作，通过激发内生动力，打通水权交易关键环节，进一步提升水资源节约和高效利用空间。

4. 内蒙古黄河流域水权确权重点

结合当前内蒙古黄河流域水资源管理工作现状，考虑到日后水权交易的需要和水资源精细化管理的需要，应重点完成内蒙古黄河流域区域水权、取水权、灌区内用水权、再生水水权等的确认。

(1) 区域水权确权。

1) 将区域用水总量控制指标细化至水源并严格监管。从2016年、2017年最严格水资源管理制度考核情况看，当前内蒙古黄河流域巴彦淖尔、鄂尔多斯、阿拉善盟、包头、呼和浩特等盟市的区域用水总量已接近于下达的年度用水总量控制指标；在上述盟市内，均存在着不同程度的超采地下水情况；鄂尔多斯、包头等盟市取用黄河水量超出了分配的指标。这说明，内蒙古黄河流域的几个盟市，虽然区域用水权益没有超出内蒙古自治区明确的用水总量控制指标，但区域取用水权益与地下水、黄河水等取水水源衔接方面，存在一定的问题。这就需要当地水行政主管部门在将区域用水总量控制指标细化分解至具体水源，明确取水量的基础上，进一步加强监管，强化用水计划和调度，采取水源替代等举措，严控超量取水。

2) 要推进黄河支流的水量分配工作。目前，内蒙古黄河流域根据《国务院办公厅转发国家计委和水电部关于黄河可供水量分配方案报告的通知》(国办发〔1987〕61号)、《内蒙古自治区水利厅关于报送黄河取水总量控制指标细化方案的报告》(内水资〔2010〕25号)和《内蒙古自治区人民政府批转自治区水利厅关于实行最严格水资源管理制度实施意见的通知》(内政发〔2014〕23号)，完成了黄河取用水指标与区域用水总量控制指标的衔接，但该区域内一些支流的水量分配工作，尚未开展或取得实质进展。如无定河作为黄河中游的重要支流，随着该流域经济社会的快速发展，出现了水资源供需矛盾突出、山西与内蒙古间水事矛盾尖锐、水污染加剧等一系列问题，倒逼着迫切需要制订无定河水量分配方案，明确内蒙古、山西省区间和省区内各盟市间的总量控制指标和流域水资源开发利用红线，进而为支撑该流域经济社会发展、保证流域水资源可持续利用和流域生态安全奠定基础。

(2) 取水权确权。当前，内蒙古黄河流域的个别盟市，仍存在取水许可管理不规范、不到位的情况。一方面，没有体现出水资源所有权人（取水许可证发放部门）的权益；另一方面，没有体现出水资源使用权人的权利和相应义务。为此，要按照既有取水许可管理的规定，严格取水许可管理，完成取水权的确认。即，对用水企业或向工业供水的公共供水单位，按照《中华人民共和国水法》“直接从江河、湖泊或者地下取用水资源的单位和个人，应当按照国家取水许可制度和水资源有偿使用制度的规定，向水行政主管部门或者流域管理机构申请领取取水许可证，并缴纳水资源费，取得取水权”的规定，在核定许可水量等规范取水许可管理的基础上，发放取水许可证。对取得取水许可证的，要开展取水许可复核工作，对规定的取水点、取水量、取水年限等进行从严把关；对没有办理取水许可证的，要相应开展水资源论证工作，符合要求的，通过发放取水许可证进行确权。

当前，内蒙古黄河流域取水权确权不到位的对象主要是工业园区、公共供水企业、工业取用水户等。为此，需要相关盟市在开展基础调查工作后有针对性地开展取水权确权工作。

1）开展工业企业用水量、耗水量调查。调查收集盟市范围内工业园区、企业基本情况资料，包括企业产量、工业产值、供水工程水源、取水许可水量、现状用水量、耗水量等。分析现状取水、耗水水平及存在的问题。

2）核定生产及用水情况。对取得取水许可的用水单位，对取水许可水量予以复核和确认。对用水量变动较大的企业和单位，要进一步核实。对没有取水许可的用水单位，要开展水资源论证工作，明确用水量。对于工业园区，要通过规划水资源论证的方式，明确工业园区的需水量。

3）开展取水权确权。统筹考虑内蒙古自治区分配给内蒙古黄河流域盟市的用水总量控制指标，对各工业供水单位、工业园区、企业初步确定的水资源使用权在所在盟市内进行水量平衡、调整，最终确定水资源使用权，换发或补发取水许可证。用水总量达到或者接近区域用水总量控制指标的盟市，新建、改建、扩建项目新增用水需求通过水权交易方式解决。对于通过水权交易获得水权指标的工业企业，以其交易水量核定许可水量，并按照取水许可管理权限和程序发放取水许可证。

4）明确权利和义务。拥有取水权的工业企业和单位在取水许可的有效期和取水限额内依法享有水资源使用、收益的权利，可以按照国家和内蒙古自治区的有关规定进行转让或者交易。工业企业和单位应当依法缴纳水资源费，并接受水行政主管部门的监督管理。水资源税改革后，要按照相关规定缴纳水资源税，并接受水行政主管部门和税务部门的监督管理。

（3）灌区农业用水确权。对内蒙古黄河流域灌溉用水开展确权工作，可以根据是否实施了斗渠以上渠道防渗衬砌节水工程建设而分为以下两种情况。

1）在已实施防渗衬砌节水工程建设的灌域开展农业用水确权。该条件下

农业用水确权，在当地已有实践探索。盟市间水权试点期间，内蒙古黄河流域的河套灌区乌兰布和灌域沈乌干渠开展了水权确权试点工作，确权水量2.48亿m^3，以直口渠为单元对461个群管组织发放了《引黄水资源管理权证》，对16037个终端用水户发放了《引黄水资源使用权证》，同时开发了水权确权登记管理应用系统，搭建了用水户水权交易平台。调研了解到，引黄渠道防渗工程建设，在减少引黄水量的同时，改善了原有的灌溉条件，提高了灌溉效率。下一步，随着河套灌区沈乌灌域二期、三期工程的推进，可以吸收借鉴盟市间水权试点期间水权确权登记工作的做法经验，开展相应灌域的农业用水确权工作。

2）在没有开展渠道防渗衬砌节水工程建设的灌域开展农业用水确权工作。该种情况下，由于灌溉系统老化、损耗率高，农业用水量明显高于第一种情况。如果开展农业用水确权工作，该情况下的确权水量与第一种情况差异极大。如果先行确权，后续开展节水工作，则用水户的节余水量将显著多于第一种情况下的用水户，存在不公平的情形。因此，在该情况下开展农业用水确权，需要提前考虑到日后实施渠道防渗衬砌节水工程建设的可能性，在发放的农业水资源使用权证中备注目前的确权水量是根据目前的灌溉条件核算的，如果开展了渠道防渗衬砌节水工程建设，确权水量会相应调整。

可见，是否已开展渠道防渗衬砌节水工程建设，造成了同一地区农业灌溉条件的差异，进而对农业用水确权的基础条件产生了影响，并最终反映到了确权水量的差异。而一个灌区内不同用水户间确权水量的差异，极易造成用水矛盾。因此，在当前情况下，内蒙古黄河流域的农业用水确权重点应放在第一种情况。从长远看，随着农业节水跨行业交易和农业水价综合改革工作的推进，会倒逼改善灌区灌溉条件，增强灌区节水能力。今后，可以随着相应灌区节水工程建设的推进，相应开展农业用水确权工作，进而实现灌区农业用水确权水量的统一，避免水事纠纷。

（4）再生水水权确权。再生水是指废水或雨水经适当处理后，达到一定的水质指标，满足某种使用要求，可以进行有益使用的水。再生水具有水质稳定、就地可取、受季节和气候影响小、取水对第三者影响小等优点。再生水可广泛用于对水质要求相对不高的用水领域，如农田灌溉、园林绿化、工业冷却、大型建筑冲洗以及游乐与环境等。可以说，再生水作为社会经济发展过程中水资源开发利用的第二水源，已在地下水回灌、工业、农林牧业、景观环境以及城市非饮用水等领域得到利用。随着水质处理技术的发展和处理成本的降低，再生水的应用领域将更加广阔。近年来，国家通过采取税费减免等措施大力提倡和鼓励使用再生水，对于某些高耗水行业则强制推广使用再生水。一些社会资本看到了再生水资源的市场价值和开发效益前景，纷纷投资建设再生水开发利用项目。

在水资源紧缺的内蒙古黄河流域，随着传统水资源开发利用程度越来越高，节水潜力逼近极限，再生水的价值将逐步显现。再生水合理回用既能减少水环境污染，又可以缓解水资源紧缺的矛盾，具有可观的社会效益、环境效益和经济效益。因此，再生水在内蒙古黄河流域等一些缺水地区已经成为一种不可或缺的十分宝贵的水资源。考虑到再生水资源是区域水循环的一部分，对区域水资源配置、维持区域水生态环境等方面的影响越来越大，理应纳入区域水资源统一规划和治理方案。

水权作为一个特定的概念，是由水资源所有权、使用权等多个权利组成的权利束的总称。再生水资源水权包括再生水资源的所有权和其他派生出来的权利，包括使用权、收益权等。其中，所有权具有全面性、整体性和恒久性特点，是其他权利如使用权、处分权、收益权等权力的基础，是再生水水权中最核心的权利。《中华人民共和国水法》规定："水资源属于国家所有。水资源的所有权由国务院代表国家行使"，"加强城市污水集中处理，鼓励使用再生水，提高污水再生利用率。"《取水许可管理办法》规定："直接取用其他取水单位或者个人的退水或者排水的，应当依法办理取水许可申请。"可以看出，包括再生水在内的退水和排水作为水资源的一种存在形式依法纳入了取水许可管理的内容。也就是说，再生水资源作为水资源的一种特殊形式，其所有权归国家所有，其使用权可以通过向水行政主管部门办理取水许可手续后获得，用水过程要接受水行政主管部门的监督和指导。

现实中，污水处理厂是政府投资建设或通过特许经营的方式授予某单位管理的公共设施，它的经营模式是通过进行污水处理生产进而获得收益。当前，污水处理厂对污水进行处理的行为是建立在取得污水的特许经营权（污水处理特许经营权）的基础之上的。污水处理之后的去向可分为两种情况：一是达到排放标准后，最终排放进入自然水体；二是进行深度处理，水质达到新的标准后对其进行二次利用，如作为城市景观用水、各类工业用水等。

针对第二种情况，即对经处理后的污水进行再次深度处理，进而通过向其他单位供水获利，还应当合法取得再生水的使用权。现实中，再生水的利用，又存在两种途径：一是深度处理后的再生水直接通过管网输送给有需求的用水户，该途径下，供水单位与用水单位可以通过签订供用水合同的方式，明确供水量、水质要求、供水期限及供水价格等，直接向需求方进行供水。污水处理厂通过签订供水合同的方式明确了交易双方的权利和义务，属于企业间的交易行为，不应认定为再生水水权的交易，在不对第三方利益造成损害的前提下，水行政主管部门不需要过多的干预。二是当不满足供水条件时，污水处理企业拟在满足排放标准的前提下，将再生水直接排入江河、湖泊等自然水体，用水

单位通过在江河等自然水体新设取水口进行取水。这种情况下，污水处理厂需要进一步加大处理力度，提高再生水水质标准并得到具有取水许可管理权限的水行政主管部门的认可，才能将再生水排入江河作为取用水指标。取用水单位应该通过办理取水许可证，开展水权交易的方式，完成再生水水权的交易和接受水行政主管部门的监管。

再生水作为水资源的一种特殊存在形态，区别于一般意义上的水资源。目前在内蒙古黄河流域，其在管理方面的规定仍不够健全。《内蒙古自治区实施〈中华人民共和国水法〉办法》仅提出“城市人民政府应当加强城市污水集中处理，鼓励使用再生水，实现污水处理再利用。”《内蒙古自治区取水许可和水资源费征收管理实施办法》要求“鼓励使用再生水、疏干水、雨洪水、苦咸水等非常规水源。”《内蒙古自治区水权交易管理办法》仅规定再生水可以收储和交易，但缺乏进一步细致的规定。总体来讲，对再生水进行确权（再生水使用权），按照现有规定是通过取水许可管理实现的。在内蒙古黄河流域，应当按照办理取水许可的规定，对通过先排入自然水体后再开展利用的情形，相应的取用水单位应该办理取水许可证，进而明晰取用水户的权利和义务，开展相应的监督管理。上述需要开展的工作中，最为关键的是对再生水水权的认定，本书将在下节进行详细论述。

（二）可交易水权确认

建立健全可交易水权确认制度，目的在于对不同类型可交易水权完成确认，明晰水权对应的可交易水量，为现实中开展交易增强可操作性。在内蒙古黄河流域，当前可交易水权类型包括区域水权、取水权、灌溉用水户水权、闲置取用水指标和再生水水权5种。内蒙古黄河流域可交易水权现阶段存在的问题在于：一是一些可交易水权缺乏评估认定机制；二是一些可交易水权尚未在内蒙古自治区的水权交易制度中明确。针对这两点问题，提出可交易水权确认措施如下。

1. 区域可交易水权确认

（1）关于交易种类。水利部《水权交易管理暂行办法》将区域水权交易规定为：以县级以上地方人民政府或者其授权的部门、单位为主体，以用水总量控制指标和江河水量分配指标范围内结余水量为标的，在位于同一流域或者位于不同流域但具备调水条件的行政区域之间开展的水权交易。《内蒙古自治区水权交易管理办法》规定，跨区域引调水工程可供水量可以进行收储和交易。结合水利部《水权交易管理暂行办法》和《内蒙古自治区水权交易管理办法》的规定，区域可交易水权包括三类：①区域用水总量控制指标的结余水量；②江河水量分配方案的结余水量；③跨区域引调水工程可供水量，即在引调水工程批复时，确定调出和调入的不同地区的可供水量指标，对于批复确定的可供水量指标，如果有结余的，可以用于交易。

（2）关于确认程序。区域水权交易是政府对政府的交易，旗县级以上人民政府或者其授权的部门、单位能够开展区域水权交易。实施区域水权交易，转让方和受让方应当通过编制可行性研究报告的方式，提出区域可交易水权对应的交易水量、交易期限、交易价格及相应的工程措施、第三方补偿、交易风险防范等。由于需要考虑到区域水权对于保障地区经济社会发展和生态安全的重要支撑作用，区域水权交易往往具有交易量大、交易时间长、保证率高等特点。为此，在研究确认区域可交易水权时，需要考虑的区域因素多且严格，确保买方买到的水能够发挥支撑和保障作用，卖方卖出的水不会对本区域长远发展和生态保护造成制约。在此基础上，由交易双方共同的上一级水行政主管部门进行审核和认定。涉及黄河水利委员会管理权限的，要由黄河水利委员会进行审核认定。

2. 可交易取水权确认

《取水许可和水资源费征收管理条例》第 27 条明确规定："依法获得取水权的单位或者个人，通过调整产品和产业结构、改革工艺、节水等措施节约水资源的，在取水许可的有效期和取水限额内，经原审批机关批准，可以依法有偿转让其节约的水资源，并到原审批机关办理取水权变更手续。具体办法由国务院水行政主管部门制定。"《内蒙古自治区水权交易管理办法》规定灌区或者企业采取措施节约的取用水指标，可以依照本办法规定收储和交易。据此，无偿取得的取水权，其可交易水权限定于通过节水措施节约的水资源。在内蒙古黄河流域，可交易取水权的拥有主体包括两类：一是采取节水改造措施的企业单位；二是投资节水改造工程的灌区管理单位。

根据当前相关法律法规制度的现状，结合水资源管理实际，节余水量评估认定机制应该主要应当包括以下内容：

（1）明确节余水量的计算方式。节余水量的初始值计算方式，主要有两种：一种是取水许可证上记载的许可水量；另一种是采取节水措施前的实际用水量。对于这两种方式，各有利弊，需结合内蒙古自治区实际进一步研究确定。对于许可水量和实际用水量差异不大，以及已经开展过闲置取用水指标认定的，可以按照认定后取水许可证上记载的许可水量作为初始值；对于许可水量和实际用水量差异很大，应当先根据《闲置取用水指标处置实施办法》规定的程序，对闲置取用水指标予以认定和处置后，再作为初始值。

（2）明确节余水量的评估认定程序。节余水量的认定应实行分级管理，由拥有取水许可管理权限的水行政主管部门开展认定工作。水行政主管部门在组织对取用水量进行核查的基础上，结合动态计量检测结果，开展节余水量的评

估，也可以委托第三方独立机构开展评估。

（3）明确节余水量的计量监控机制。要通过加强计量监测，对取用水户实现持续计量，实现在线监测，确保在节余水量转让和交易期间，有持续的节余水量。

3．灌溉用水权确认

水利部《水权交易管理暂行办法》将灌溉用水户水权交易规定为：已明确用水权益的灌溉用水户或者用水组织之间的水权交易。《国务院办公厅关于推进农业水价综合改革的意见》（国办发〔2016〕2号）明确提出："鼓励用户转让节水量，政府或其授权的水行政主管部门、灌区管理单位可予以回购；在满足区域内农业用水的前提下，推行节水量跨区域、跨行业转让。"《内蒙古自治区农业水价综合改革实施方案》（内政办发〔2016〕158号）要求"以旗县（市、区）行政区域用水总量控制指标为基础、区域多年平均供水量为依据，结合行政区划，由旗县（市、区）水行政主管部门会同苏木乡镇将农业用水指标细化分解到农民用水合作组织、农村集体经济组织、农业用水户等用水主体，明确水权，落实具体水源，结合集体土地流转对用水主体核发初始用水权证书。用水主体、水量等内容发生变化的，应报旗县（市、区）水行政主管部门统筹考虑后予以变更"，"鼓励用水户之间转让节水量。"

现阶段，内蒙古黄河流域已经完成了部分农业用水户的确权工作，发放了农业水权证。该情况下，可以根据水利部《水权交易管理暂行办法》，探索开展由农民用水户协会或农户主导的水权交易。灌溉用水户可交易水权是指由水资源使用权证确认的水量，由灌区管理单位确认即可。农民用水户协会、农村集体经济组织、农业用水户等用水主体要与水管站、灌区管理单位等基层水管部门做好取用水信息的衔接。

4．再生水水权确认

《内蒙古自治区水权交易管理办法》明确了再生水可以收储和交易，该规定确立了再生水水权属于可交易水权。但是，如何认定再生水水权，尚需要一整套核定机制。结合内蒙古黄河流域实际，该机制应当包括以下内容：

（1）明确再生水水权的内涵。本书认为，再生水水权是指通过采取进一步处理措施后，再生水的水质达到一定标准，能够直接排入江河、湖泊等自然水体，作为新增的取用水指标，并由水行政主管部门予以核定认可。

目前，再生水的利用方式有两种。第一种情况：在满足供水工程条件的前提下，污水处理企业通过签订合同的方式，明确供水量、水质要求、供水期限及供水价格等，直接向需求方进行供水。该种情况下，污水处理厂通过签订供水合同的方式明确了交易双方的权利和义务，属于企业间的交易行为，不应认定为再生水水权的交易，在不对第三方利益造成损害的前提下，水行政主管部门不需要过多的干预。第二种情况：当不满足供水条件时，污水处理企业拟在满足排放标准的前提下，将再生水直接排入江河，用水单位通过在江河新设取水口进行取水。这种情况下，污水处理厂需要进一步加大处理力度，提高再生水水质标准并得到具有取水许可管理权限的水行政主管部门的认可，才能将再生水排入江河作为取用水指标。

（2）明确再生水水权核定的条件。根据再生水水权的内涵，需要进一步明确再生水水权核定的几个条件和要求：

1）必须是再生水。一般取水后的退水不能认定为再生水水权。这就要求是污水处理厂处理后排放的水才有可能认定为再生水水权。

2）必须是提高水质标准后的再生水。污水处理厂目前排入江河的废污水，也就是按照一般排放标准排放的水，不能作为再生水水权。至于需要达到什么样的标准后才能被认可为再生水水权，这需要由水行政主管部门会同有关部门专门研究后共同确定，并经黄河水利委员会同意。从内蒙古自治区实际出发，可初步考虑以能够提供给工业用水的标准进行认定，可参考《地表水环境质量标准》的Ⅳ类水作为标准。

3）必须是直接排入江河、湖泊等自然水体的再生水。如果没有直接排入江河、湖泊，而是直接供应给其他企业使用，就可以直接按照供用水合同进行处理，不需要按照水权收储和交易处理。

（3）明确再生水水权核定的程序。内蒙古沿黄地区再生水水权的核定涉及黄河取用水指标的收储与交易问题。考虑到黄河干流与支流取水许可管理权限，有些再生水水权的核定不仅涉及当地水行政主管部门，可能还需要由黄河水利委员会审核同意。从内蒙古自治区实际出发，建议按照以下程序进行核定：

第一步，由申请人向当地水行政主管部门提出再生水水权核定申请，并附具各种材料。

第二步，根据再生水排入的江河湖泊的取水许可管理权限，属于当地水行政主管部门管理权限范围内的再生水水权，由当地水行政主管部门直接审核认定。属于内蒙古自治区水行政主管部门管理权限范围内的再生水水权，由当地水行政主管部门初步审核同意后，报送内蒙古自治区水行政主管部门审核认定。属于黄河水利委员会管理权限范围内的再生水水权，应逐级上报至内蒙古自治区水行政主管部门审核后，再报送黄河水利委员会审核认定。

（4）建立再生水水权的计量监控机制。再生水水权核定后，需要后续的在线计量监控设施，确保再生水排放的水量和水质持续符合核定的再生水水权要求。水行政主管部门还应当加强监管，发现排放的水量或水质不符合要求的，应当及时对再生水水权予以核减。

二、水权收储与交易制度

水权收储是指各级人民政府或其授权的部门、机构，为优化水资源配置，向取用水户回购、收购水权并形成储备水权的行为。储备水权可用于再交易，亦可通过行政方式进行配置。目前，无论是国家层面还是自治区层面，均未对开展水权收储进行规范的制度设计。然而，在内蒙古黄河流域，已经发生了针对闲置取用水指标的收储行为。为此，需要尽快从明确水权收储的主体、对象和程序三方面构建水权收储制度。

（一）明确水权收储主体

按照《内蒙古自治区水权交易管理办法》《内蒙古自治区闲置取用水指标处置实施办法》的相关规定，在内蒙古黄河流域，实施水权收储的主体包括以下几类：一是内蒙古黄河流域各级人民政府。各级人民政府可以直接开展收储，也可以授权水权交易平台开展收储。二是水权交易平台。平台一方面可以根据政府的授权或委托开展收储，也可以自己作为收储人进行收储。三是社会资本。其可以通过投资节水或投资再生水的形式进行收储。

（二）明确水权收储对象

1. 政府或其授权可以开展的收储对象

除了《内蒙古自治区闲置取用水指标处置实施办法》中被认定的闲置取用水指标可以被收储外，根据盘活存量的要求，今后可适时扩大收储范围和对象，将以下几类增加为政府或其授权可以开展的收储对象：一是政府投资实施的节水改造工程节约出的取用水指标；二是因城镇等公共设施建设以及交通、水利等基础设施建设征用土地而形成的空置取用水指标；三是因受国家产业政策调整的建设项目相应取消的取用水指标；四是政府通过加强管理等措施节约出的取用水指标。

2. 水权交易平台或社会资本可以开展的收储对象

水权交易平台除了开展《内蒙古自治区闲置取用水指标处置实施办法》及上述受政府授权开展的收储活动外，和社会资本一样，均可开展以下的收储活动：一是自身投资节水工程建设，节余出的水量可用于收储交易；二是投资再生水处理形成的再生水水权，也可用于收储交易。

（三）水权收储程序

水权收储程序的设计，首先要对水权收储指标进行认定。由于收储对象的不同，水权收储指标的认定方式或程序也应有所区别。其次，要对收储的主要实施程序予以明晰。

1. 政府实施水权收储程序

以政府（含政府授权的水权交易平台等单位）为主体，实施水权收储指标的认定，可分以下几种情况：①对闲置取用水指标，可以按照已出台的《内蒙古自治区闲置取用水指标处置实施办法》进行认定。②对政府投资实施的节水改造工程节约出的取用水指标，应该按工程批复的节水量认定。其中，各级财政投资节水改造工程所能享有的水权收储指标，由其投资所占比例确定。③因城镇等公共设施建设以及交通、水利等基础设施建设征用土地而形成的空置取用水指标，如果是国家和内蒙古自治区批准（核准）的各类项目建设征用土地而形成的水权收储指标，应由自治区水行政主管部门认定；如果是市、县（市、区）批准（核准）的各类项目建设征用土地而形成的水权收储指标，应由同级人民政府水行政主管部门认定。④因受国家产业政策调整的建设项目相应取消的取用水指标，应由具有取水许可管理权限的水行政主管部门认定。⑤政府通过加强管理等措施节约出的取用水指标，应由上一级水行政主管部门认定。

如果被认定为水权收储的标的，则应由水行政主管部门代表政府向原指标占用人下达《水权收储指标认定书》（以下简称《认定书》）。《认定书》应当根据收储对象，至少包括以下内容：①原指标占用人的名称、地址、建设规模等；②水资源论证报告书或者取水许可批复的取水水源、取水方式、取用水量等，批复文件文号或取水许可证编号，水平衡测试及近 3 年实际用水量（根据监测取用水量，按设计产能折算后计）等；③认定水权收储指标的事实和依据，认定的收储水量等；④其他需要说明的事项。《认定书》自作出之日起 20 个工作日内送达原指标占用人，由原指标占用人签字确认。原指标占用人如对《认定书》有异议，应当在收到《认定书》后 60 个工作日内向有管辖权的水行政主管部门申诉或者申请行政复议。原指标占用人如对《认定书》有异议，但在规定的期限内既未申诉也未申请行政复议的，视同确认。

2. 社会资本或平台水权收储程序

关于收储指标的认定，社会资本或水权交易平台投资实施的节水改造工程节约出的取用水指标，应该按工程批复的节水量认定；投资再生水处理形成的再生水水权，应按照再生水水权的核定机制予以确认。

关于收储认定的程序：①针对节余取用水指标的收储，由于是市场行为，建议社会资本或水权交易平台参考合同节水管理的做法，与节水对象签订节水合同，规定双方的权利和义务；②针对再生水水权的收储，社会资本或水权交易平台作为出资人，与灌区、企业或污水处理厂协商并签订水权收储协议，水权收储协议应当报水行政主管部门备案。

三、交易价格形成机制

本部分在介绍水权交易价格形成机制的内涵和主要内容的基础上，重点针对内蒙古黄河流域水权交易的不同类型，分析相关定价机制、定价方法。

（一）水权交易价格形成机制的内涵和主要内容

在我国，大多数自然资源属于国家所有，土地、矿产等资源类产品对国民经济的发展具有重要的影响，因此在我国资源类产品的市场大多是准市场，在很长一段时期都是实行政府定价，随着市场经济的发展，一些自然资源在具有竞争潜质的领域，引入市场机制，以建立能够反映资源稀缺程度和市场供求关系的价格形成机制。水资源是重要的自然资源，对于水权交易市场而言，水权交易价格形成机制是指水权交易价格在形成和运用过程中，受其相关因素制约和作用的状况与方式。交易价格形成机制应该包括以下三部分内容。

1. 水权交易价格的定价主体

根据其他自然资源资产价格形成的管理经验，为了防止国有资产的流失，现阶段其他自然资源的使用权（如建设国有用地使用权、林地使用权等）在出让、转让或者抵押等经济活动开展以前，都要由有资产评估资质的单位进行资产评估，确定评估价格。对于水资源而言，在目前的情况下，既要充分发挥市场对价格的调节作用，又要强调政府对资源性市场价格的引导和监督作用，对内蒙古自治区而言，水资源作为国家所有的自然资源，必然是一个准市场，需要正确处理好政府与市场的关系，既要充分发挥市场对价格的调节作用，又要强调政府对资源性市场价格的主导作用。现阶段可以由政府根据区域承受能力、资源稀缺程度、市场发育程度等因素综合确定水权交易的指导价，供交易各方参考，交易各方可以以该指导价为基础，进行协商定价。经过一段时间的发展，水权交易逐渐活跃，市场逐渐成熟，市场应该在价格制定中发挥越来越重要的作用，因而应当逐步过渡到以市场定价为主，但政府此时也不应该缺位，应该加强价格监管。

2. 水权交易价格的确定和测算

水权交易价格的确定和测算是一项复杂的工作，这与当前水权交易市场的初级性有关，更重要的是水资源的流动性、功能的多样性、与水利工程的不可分割性等特殊性以及当前水资源管理工作的实际使得水权交易市场价格的确定十分复杂。不同的水权交易形式、不同阶段的水权交易可以采取不同的方法来测算出价格。在具体测算的过程中，应该充分考虑到内蒙古自治区不同区域的不同区情水情，因此水权交易的价格应该呈现区域性特征。这种区域性不仅表现为水资源资产在自然状态下的丰沛程度的区别，还表现为不同地区的经济社会发展程度、产业结构、人口结构等诸多方面的区别对于水权交易价格的影响。因此，开展水权交易价格的测算，需要充分考虑区域内影响价格的自然因素、社会因素和经济因素。只有在充分考虑区域这些特征的基础上，才能计算水权交易的合理价格。

3. 水权交易价格调控方式

交易价格不是一成不变的。需要按照市场发展阶段、资源稀缺程度等建立动态调整机制。政府在此过程中要建立价格调控机制，对市场不合理的价格进行调控。对于水权交易市场而言，可以通过经济、法律和行政的手段，对价格的形成、运行和变动进行直接或者间接的干预和约束，以保证价格机制有效地发挥作用。与此同时，也可以通过信息发布引导社会心理预期，通过新闻等社会监督规范市场价格行为。

（二）不同类型交易的定价机制

在已基本建立农业向工业水权转让价格形成机制的基础上，尚需建立健全再生水水权交易等多类型水权交易价格形成机制。

1. 区域水权交易定价机制

区域水权交易将主要涉及区域用水总量控制指标的结余水量、江河水量分配方案的结余水量以及跨区域引调水工程获得的可供水量交易。

对于区域用水总量控制指标和江河水量分配方案的结余水量交易费用，应考虑供水用途、交易期限等因素综合确定，应主要包括：①水资源费；②计量监测设施费；③由双方协商确定的收益；④通过水权中心交易应缴纳的财务费用和税费；⑤其他费用。

对于跨区域引调水工程获得的可供水量交易费用，可参考南水北调工程沿线区域已开展的引调水工程水量交易费用构成，应主要包括：①综合供水费用（通过基本水价和计量水价计算得到）；②由双方协商确定的收益；③通过水权中心交易应缴纳的财务费用和税费；④其他费用。

2. 灌溉用水户节余水权交易定价机制

对于灌溉用水户节余水权交易定价，可参考甘肃等地已开展的交易定价形式，即由交易双方参照政府价格部门核定的基本水价协商确定，且不得超过设定的价格上限。对于用水户、用水小组等节余的水量，不愿进入市场交易的，可由水权中心或者水管单位集中按基本水价上浮一定比例后回购。

3. 水权收储和再交易定价机制

可开展的水权收储主要包括政府实施的水权收储和社会资本或水权交易平台实施的水权收储。其中，政府实施的水权收储包括5种类型：闲置取用水指标收储、投资节水改造工程节约出的取用水指标收储、因公共基础设施建设征用土地而形成的空置取用水指标收储、因政策调整取消的建设项目的取用水指标收储和政府通过加强管理等措施节约出的取用水指标收储。社会资本或水权交易平台实施的水权收储主要指投资节水改造工程节约出的取用水指标或投资再生水处理形成的再生水水权。

对于政府实施水权收储和再交易的，闲置取用水指标、因公共基础设施建设征用土地而形成的空置取用水指标、因政策调整取消的建设项目的取用水指标收储和再交易费用可按照《内蒙古自治区闲置取用水指标处置实施办法》有关规定确定。政府投资节水改造工程或加强管理节约出的取用水指标收储，在收储阶段不涉及交易，因此不产生交易费用。如果对这部分收储的水指标进行再交易，再交易的费用应包括政府收储水指标时进行节水工程建设、运行维护、更新改造产生的相关费用，必要的风险补偿、经济利益补偿和生态补偿费用，通过水权中心交易应缴纳的财务费用和税费等。

对于社会资本或水权交易平台通过投资节水改造工程开展水权收储和再交易的，在收储阶段，社会资本或水权交易平台除了应负担建设节水改造工程的投入外，还应向灌区支付费用，主要包括：①合理的经济补偿、生态补偿、风险补偿费用；②协调运作、设施运行管理和维护费；③其他费用。在再交易阶段，社会资本或水权交易平台与意向受让方的交易费用应包括：①节水工程建设、运行维护、更新改造费用；②由双方协商确定的收益；③通过水权中心交易应缴纳的财务费用和税费；④其他费用。

4. 再生水水权交易定价机制

目前再生水水权交易尚不活跃，为进一步促进再生水水权交易市场发展，应可考虑由政府主导，通过价格机制拉动资本参与市场建设。因此，在对再生水水权进行定价时，除了应能覆盖再生水处理的部分成本外，更应该适当增加合理收益和激励，并在综合考虑水权交易期限、再生水处理能力等因素后合理确定。

总体来看，再生水水权交易总费用应包括：①污水再生回用工程建设投资部分成本（主要包括深度处理投资、输水管网投资、计量监测设施投资），具体计算时可使用总投资与总处理能力的比值；②再生水制水成本（主要包括动力费、药剂费、维修养护费、管理费等）；③合理收益与激励，可按照计算成本的一定比例计入；④通过水权中心交易应缴纳的财务费用和税费；⑤考虑供水期限和供水能力，由交易双方协商确定的浮动费用；⑥其他费用。

（三）水权交易的主要定价方法及其适用类型

本章结合内蒙古自治区水权交易实际，通过界定水权交易定价的资产价值法、综合成本法、资源收益法和市场比较法的内涵，提出各种方法所适用的水权交易类型，并在此基础上提出交易价格计算的基本公式。

1. 资产价值法

水资源资产价值是水权交易价格的重要组成部分，也是计算水权交易价格的重要方法之一。

（1）资产价值法的内涵。资产价值法是指通过计算水资源资产的价值来体现水资源资产价格，进而体现水权交易的价格。《〈中共中央关于全面深化改革若干重大问题的决定〉辅导读本》（以下简称“辅导读本”）中将自然资源资产定义为具有稀缺性、有用性及产权明确的自然资源。水资源是一种重要的自然资源。按照辅导读本对自然资源资产的定义，水资源资产是指具有稀缺性、有用性及产权明确的水资源。

水资源使用权可以在市场上交易，其核心是因为这些能交易的水资源已经具有稀缺性、有用性和产权明确的特征，具有这些特征的水资源在水权交易市场上转化为水资源资产。水资源资产与普通的水资源相比，具有明确的经济属性和法律属性。在经济属性方面，水资源资产作为一种资产，它不仅以实物形态存在，更多的时候是以价值形态存在，并表现出资产所具有的一切特征，促使所有者从价值形态的角度来管理运营水资源，正是这种价值形态，使得水资源资产能够进行货币计量及市场交易，并最终反映在企业、区域或国家的资产负债表上。在法律属性方面，水资源资产必须能够为特定的产权主体所拥有和控制，水资源资产产权在法律上具有独立性，在实行水资源资产的所有权和使用权相分离的过程中，使用权可以依法交易。

根据马克思主义政治经济学原理，价值决定价格，价格是价值的表现形式，价格围绕价值上下波动。水资源资产的价格以价值为中心上下波动。价格是多变的，价值是相对不变的。因此，可以通过计算水资源资产的价值来体现水资源资产价格，进而体现水权交易的价格。

（2）资产价值法的适用类型。资产价值法主要适用于水权交易的卖方获得水权时不需要付出节水改造等成本的情况。

1）区域水权交易。区域水权交易的主体是区域政府或者其授权的部门、单位，对象是区域已合法取得的年度或一定期限内节余的水量。在转让方转让其节余的区域用水总量控制指标的情况下，由于其不需要进行节水改造工程投入，因此交易价格只能是水资源资产自身价值的体现。在这种情况下，应该从计算水资源资产价值入手，计算区域间水权交易价格。如某两个区域开展的水权交易，如果对于卖方来说，交易的是其区域用水总量控制指标以内的结余水量，而这些结余水量并不涉及建设节水工程的成本，则可以采用资产价值法计算水权交易价格。

2）政府无偿收回闲置取用水指标的出让。政府无偿收回的闲置水权，即

政府无偿将转、改、停产的企业取水权收回或者通过水资源精细化管理将偏大的许可水量收回等形式获得的水权。内蒙古自治区出台的《内蒙古自治区闲置取用水指标处置实施办法》，提出了未按规定办理取水许可、未按规定水源取水等多种情形下需收回的闲置水指标，并规定这些闲置水指标可由政府授权自治区水权收储转让中心予以无偿收回。收回的闲置水权一般不涉及节水改造或成本投入，可以采用资产价值法计算水资源资产的价值作为政府出让水权的价格或者拍卖底价。

（3）资产价值法的基本公式。水资源资产是稀缺性、有用性和产权明确的水资源。那么，一个区域水资源资产的价格应该由三部分组成：有用性价值、稀缺性价值和所有权人权益价值（产权价值）。

1）有用性价值。有用性价值是水资源资产的使用价值。水资源资产之所以有价值，是因为它具有有用性，能够作为一种重要的生产要素参与生产，并能够给使用者带来相应的收益。当然水资源资产的有用性价值也不是单一不变或是无差别的。即使对于同样用于工业企业生产要素的水资源资产的有用性价值，由于其应用的工业行业不同、生产技术不同，投入同样数量和质量的水资源资产，其功能的种类和功效是不同的，从而其所能体现的价值也不同。显然，应用于用水效率高、附加值高产业或企业的水资源资产将具有更高的价值，反之，则水资源资产的价值低。对一个区域内水资源有用性价值的测算即测算水资源资产对区域内企业产值的贡献程度。

2）稀缺性价值。稀缺性价值指区域内水资源的丰沛程度。水资源稀缺性价值是一个相对概念，不同地区不同时期水资源的稀缺性是不同的，这样就导致水资源资产价值的时空差异。在水资源丰富地区，水资源供需矛盾不突出，水资源资产的稀缺性价值就较小。相反，在水资源缺乏地区，由于供给小于需求，水资源资产稀缺性价值就大。对水资源稀缺性价值的测算一般采取当地水资源相关指标与全国同指标的比值。

3）所有权人权益价值（产权价值）。自然资源变身为资产的一个必要性的前提是具有产权明确性，即产权价值是水资源资产的一个固有的要素。在水资源资产价格形成的过程中，产权价值即水资源所有权人享有的让渡水资源使用权的价值，也就是所有权人权益价值。在我国水资源属于全民所有，当国家让渡水资源使用权时，则意味着国家代表全民获得了所有者应有的相应收益。与此同时，这也是企业取得具有产权意义的完整水资源使用权的必要条件。水资源虽然属于国家所有，但并不意味着水资源资产价值中的产权价值在全国是统一的，这既不公平，也不合理。因为一个地区的水资源资产的产权价值与当地的经济社会发展的条件是紧密联系在一起的，应该根据一个地区的水资源状况、经济社会发展水平，考虑区域自然因素、经济因素、社会因素和工程成本因素综合测算水资源资产的所有权人权益具体的价值。

根据以上分析，水资源资产的价格并非只是凝结在水资源中无差别的社会必要劳动的货币表现形式，而是包含了水资源资产的多种属性，包括有用性价值、稀缺性价值和所有权人权益价值。在对水资源资产价格计算的方法构建中，一是明确有用性价值、稀缺性价值、所有权人权益价值的构成，以及在这些价值构成中对水资源资产的自然特性、经济特性和社会特性的集中反映；二是要明确有用性价值、稀缺性价值、所有权人权益价值在水资源资产价值中组合的方式和方法，在三者的组合中体现水资源资产管理阶段、产业政策、区域发展政策，以实现有用性价值、稀缺性价值、所有权人权益价值三者比例的科学性和合理性。

根据以上研究，内蒙古自治区水资源资产的价值由有用性价值、稀缺性价值、所有权人权益价值三部分加权相加而构成，基本定价模型为

$$P=\alpha_1 P_1+\alpha_2 P_2+\alpha_3 P_3$$

其中，P_1 表示水资源的有用性价值，P_2 表示水资源的稀缺性价值，P_3 表示所有权人权益价值。α_1、α_2 和 α_3 均不小于0，分别表示 P_1、P_2 和 P_3 在水资源资产价值中所占的权重。根据马克思主义政治经济学原理，价值决定价格，价格是价值的表现形式，价格围绕价值上下波动。因此，在测算的过程中，水资源资产的价格与价值的关系是通过 α_1、α_2 和 α_3 表现出来的，α_1、α_2 和 α_3 在不同的水资源资产管理阶段、不同的经济社会发展阶段等条件下的值不同，其价格就不同。但是总体来看，水资源资产的价格与水资源资产价值息息相关，价格围绕价值波动。

2. 综合成本法

综合成本法是目前水权交易实践中应用最广泛的方法，也是最简单易于操作的方法之一。

（1）综合成本法的内涵。综合成本法是指根据获得水资源使用权的成本计算水权交易价格的技术方法。水资源是一种特殊的自然资源，本身具有流动性、流域性、变化性、多功能性、重复利用性、利害双重性等特征。正是由于这些特征，使得水资源开发利用节约与河湖水域空间、库坝等取水、节水工程密不可分。在多数情况下，为了获得水资源使用权，需要投入巨大资金建设取水或节水工程。在这种情况下计算水权交易价格，就需要充分考虑获得水资源使用权的成本。

（2）综合成本法的适用类型。综合成本法主要适用于水权交易的卖方获得水权时需要付出节水改造等成本的情况。

1）灌区农业用水向工业用水的转让。农业通过采取节水措施节约的水量逐步向工业转移是当前内蒙古自治区开展水权交易的一种重要类型。

2）工业企业节水改造后的水权转让。《取水许可和水资源费征收管理条例》第 27 条规定："依法获得取水权的单位或者个人，通过调整产品和产业结构、改革工艺、节水等措施节约水资源的，在取水许可的有效期和取水限额内，经原审批机关批准，可以依法有偿转让其节约的水资源"。调整产品和产业结构、改革工艺、采取节水措施等都会涉及企业成本的投入，因此，在这种情形下开展的水权交易应该充分考虑获得节余水权的成本，并体现在交易价格中。

3）政府收储或回购水权的出让。水利部《水权交易管理暂行办法》第 19 条明确规定："县级以上地方人民政府或者其授权的部门、单位，可以通过政府投资节水形式回购取水权，也可以回购取水单位和个人投资节约的取水权。回购的取水权，应当优先保证生活用水和生态用水；尚有余量的，可以通过市场竞争方式进行配置。"水利部、国家发改委、财政部印发的《关于水资源有偿使用制度改革的意见》也作出了类似的规定。政府、单位和个人投资节水必然付出相应的节水成本，在这种情况下的水权交易价格应该充分体现获得水权的成本。

（3）综合成本法的基本公式。基本公式为

水权交易价格＝水资源资产价值＋形成可利用水资源的工程等投入分摊
＋造成的相关损失补偿分摊＋水质改善与保持所需要投入分摊
＋因供水保证率提升所需的投入及造成其他用水损失的补偿
＋资金成本＋水权权利期限内工程运行维护费用分摊＋管理费
＋上述投入可能的收益

水资源资产价值：即前面所提到的水资源作为资产本身的价值。特别要说明的是，在使用综合成本法计算水权交易价格时是否加上水资源资产价值，可以根据水权交易发展阶段、交易市场培育需要、供求关系等因素确定。在水权交易市场的起步阶段，可以不考虑水资源资产的价值。如内蒙古自治区当前开展的水权交易考虑到水权交易市场发育的初级性以及企业承受能力等因素就没有将水资源资产价值考虑在交易价格内。今后伴随着水权交易的逐步拓展，水权交易市场的不断健全，可以适时地将水资源资产价值纳入到综合成本法的因子中。

形成可利用水资源的工程等投入分摊：包括应分摊的前期费用、工程建设费用、资金成本等。

造成的相关损失补偿分摊：包括应分摊的原用水户损失、流域环境（包括下游）损失补偿（含生态损失补偿）。

水质改善与保持所需要投入分摊：所分摊的水资源使用对水质要求保持和提升而产生的相关改善与保持投入。

因供水保证率提升所需的投入及造成其他用水损失的补偿：针对取得水资源的保障水平提升所需要进行的投入，以及由于保证率提高可能对相关其他用水造成损失的必要补偿。

资金成本：按照形成可利用水资源的正常开发周期、各项投入期限和年利息率计算的各期投入应支付的利息。

水权权利期限内工程运行维护费用分摊：应当分摊的工程运行过程中正常发生的工程运行与维护费用。

管理费：保持水权权利期限内工程正常利用条件所发生的管理费用。

上述投入可能的收益：对公式内相关投入、补偿和资金成本等，所可能获得的收益。

3．资源收益法

资源收益法是土地、矿产、森林等自然资源开展产权交易定价或价值评估的重要方法，也可以应用于水权交易价格的计算。

（1）资源收益法的内涵。资源收益法是指基于使用水资源的预期收益和效用，通过计算这些水资源使用权所对应的预期收益的现值，计算水权交易价格的技术方法。在水权交易市场中，一些企业或个人转让水权，也就放弃了用这些水资源扩大再生产能获得的潜在收益。如果能准确计算这些潜在收益，那么就可以得出转让这些水权的价格。

（2）资源收益法的适用类型。资源收益法主要适用于水权交易的卖方能够较准确计算出使用水资源获得的收益数值的情况。

1）企业间取水权交易。对于财务制度健全的工业企业，如果把水资源作为重要的生产要素投入生产的，其使用水资源生产的收益是能够合理估计的。在这种情况下，可以根据投入-产出的企业生产函数测算出单位水资源的收益，进而计算出水权交易价格。值得说明的是，资源收益法适用的买方和卖方都应该是财务制度健全的工业企业，这样可以将出售和买进的水权作为重要的资产和负债体现到企业的财务报表或负债表内。

2）灌区内农业用水户间水权交易。灌区内农业用水户间的水权交易一般交易期限较短，交易量较小。其中，最简便的办法就是根据水资源投入对农产品利润的影响来估算交易价格，即交易双方根据水资源可能带来的收益估算交易价格。今后对于内蒙古黄河流域灌区内的用水户如果确权，就有可能会产生这种交易，使用这种定价方法。

（3）资源收益法的基本公式。基本公式为

$$P=\sum_{i=1}^{n}\frac{R_i\times K}{(1+r)^i}$$

式中：P 为水权交易价格，即交易期内水权交易价格的总价；K 为水资源收

益分摊系数；R_i 为第 i 期的经营总体收益；n 为收益期限；r 为折现率。

4. 市场比较法

市场比较法是交易市场比较成熟阶段所应用的定价方法，同样也应该适用于水权交易发展比较成熟的阶段。

(1) 市场比较法的内涵。市场比较法是指在水权交易市场已经逐步建立的情况下，通过与市场上已有水权交易案例进行分析、比较，根据与已有水权交易案例的异同分析，间接估算水权交易价格的技术方法。

(2) 市场比较法的适用类型。市场比较法适用于交易市场已经逐步健全并出现一些交易案例可供参考的情况。如盟市间水权转让一期工程单方水转让价格为15元，期限是25年。今后发生类似的水权交易，就可以以该价格作为参考，在综合考虑交易年限、节水工程、水量等条件异同的情况下，计算水权交易的价格。

(3) 市场比较法的基本公式。基本公式为

$$P_i = P_d \times A_1 \times A_2 \times A_3 \times A_4 \times A_5 \times A_6 \times A_i$$

式中：P_d 为可比参照物的单位水量交易价格；A_1 为权利期限调整系数；A_2 为取水条件调整系数；A_3 为水质等级调整系数；A_4 为保障标准调整系数；A_5 为交易所处用水时节调整系数；A_6 为交易时间调整系数（价格指数调整系数）；A_i 其他影响因素调整系数。

四、交易监管制度

（一）水权交易监管的意义与重要性

水权交易监管是对现有水资源管理的延伸与拓展，涉及政治、社会、经济和行政等一系列管理体制，具体指政府制定水权交易管理的法律法规等相关制度，在水权交易过程中对水权的产生、变更等进行组织协调、控制和监督，并解决相关水事纠纷。

与其他资源交易的监管相类似，对水权交易进行监管有几个主要原因：①存在“市场失灵”的现象。纯粹市场机制不需要政府干预，但是在自由竞争不能形成的状态之下，经常可能发生“市场失灵”。监管者的适度参与和干预，将有利于维护市场秩序，发挥市场优势。②涉及多方利益的协调。交易的目的是为了交易双方可以在交易活动中获利，但是资源的交易可能涉及生态、安全、经济和政治等诸多方面。水资源交易也不仅关系交易双方的利益，还关系到公共利益和第三方利益。需要有监管方妥善处理各种利益矛盾。③履行政府职责的体现。根据宪法规定，水流等自然资源都属于国家所有。《中华人民共和国水法》明确，水资源属于国家所有，水资源的所有权由国务院代表国家行

使。在实践中，政府对水权交易进行监管既是维护所有权人权益的重要手段，也是应尽的义务和责任。

在实践中，水权交易监管具有深远的现实意义：①促进水资源高效配置。政府对水权交易监管的目标是制止水资源的破坏和污染，矫正有损于公平、效率、秩序等价值理念的行为，从降低水权交易的成本、保障交易安全的角度出发，引导水资源始终流向效益高的用途，以促进水资源的合理配置与良性循环。②引导水权交易市场更加规范。政府利用其行政权力，加大对水权交易市场薄弱环节的扶持力度，消除交易中的障碍，禁止不正当交易行为，防止水权垄断行为和水权交易过程中投机行为的产生，从而引导水权交易市场朝着健康方向发展。③维护交易各方和社会整体利益。通过实施交易监管，限制水权交易产生的消极作用，遏制权利滥用和腐败行为，调解水权交易纠纷，使水权交易在公平、公正、公开的条件下顺利、通常进行，实现各相关方利益共赢。

（二）水权交易监管制度建设相关研究与实践

1. 水权交易监管内容研究

国内有很多研究者研究了水权交易监管的重点内容。林凌等认为，水权交易监管对象包括水权市场准入资格、交易价格、交易用途、可转让水权的测算等，重点在于按照水资源规划、水功能区划等划分不同用水类型，分类实行最严格水资源管理。田贵良等认为应从以下几个方面进行监管：

（1）市场主体监管。一方面规定水权交易市场准入资格，如转让方是否具有相关部门授予的水权，受让方的取用水方式是否适当等；另一方面要评估水权交易行为的合规性，如水权交易双方是否按照法定程序、交易中有无欺瞒等违反公平原则的做法等。

（2）交易额度监管。依据水资源规划、水功能区划等相关规划，规定农业、工业、服务业、生活、生态用水等的最大交易数额，落实最严格水资源管理红线约束，同时充分考虑农业用水需求，充分尊重农民意愿，切实保障粮食安全和农民利益。

（3）水权价格监管。充分发挥价格的杠杆作用，合理确定水价，充分发挥水价对用水的调节作用。一方面，按水质差异化定价，按质论价，水尽其用，缓解供求矛盾；另一方面，针对不同取用水户的取水用途和取水量，实行差别定价，优水优用，加强用水定额管制。张瑞美等认为，水权交易在申请、审批阶段，既要监督政府及其代理机构在审批和监管过程中的公正性，又要对水权转让主体的申请行为进行监督。在实施执行阶段，既要对主体行为进行监督，又要对实施情况进行监督。在后续阶段，既要监督水权转让对公共利益、生态环境及第三方的影响是否超出预期，也要监督补偿方案或者补救措施的落实

情况。

综合有关研究成果，本书认为，对内蒙古黄河流域开展水权交易的监管应包括三个层面：①对市场主体的监管，主要是对水权买卖双方和交易平台的监管；②对交易行为的监管，主要是对交易审批、交易资金的监管；③对交易后的监管，主要是对交易后续影响的评估和监管。

2. 水权交易监管机制研究

一些研究者也对重点建设的水权交易监管机制进行了分析研究。李兰认为，水权交易监管应重点建立以下机制：①主体管理机制，具体包括主体资格认定、主体义务承担等；②登记管理机制，即建立安全可靠的登记系统，登记水权交易的主体、客体、费用、期限、用途等基本信息以及与水权相关的任何变更，并保证记录信息的真实性、准确性和权威性；③信息管理机制，包括建立水权交易管理信息公开机制与程序，充分实现公众参与等；④价格管理机制，包括水权交易收益和损失的评估制度和比较规范的交易价格协商制度；⑤竞争管理机制，核心是确立水权交易竞争规则。田贵良等提出，应建立水权交易的市场准入制度，明确转让方、受让方的资格要求；建立水权交易备案制度，即在确认相关材料真实合法、评估水权交易主体行为等工作的基础上，通过备案的方式简化审批程序、防止滥用权力；建立水权交易评价制度，在交易完成后，对组织过程、进度控制、成本效益、交易效果等方面进行评价。佟金萍等认为，应推动交易监管全民化，着力推进全民认知的水权交易监管行动，将公共参与纳入水权交易监管体系，进行信息渠道建设，建立公众参与机制，完善交易信息发布制度、安全机制和举报制度，构建公开、民主、透明的水权交易监管体系，强化水权交易的社会监管。

3. 水权交易监管制度建设相关实践

目前，除内蒙古自治区外，中国水权交易所和部分已开展水权交易的地区在水权交易监管制度建设方面已有一些探索实践。

（1）中国水权交易所。中国水权交易所成立以来，重点围绕对水权交易行为的监管出台了多项制度措施，其中《中国水权交易所公平交易保护办法（试行）》明确以保护公平交易为准则，任何符合资质要求的单位和个人可以申请成为交易参与人，交易参与人必须在保证交易信息真实的前提下，在公开的交易平台进行自愿的、非排他性的公开挂牌和应牌，同时建立了保证金、交易参与人直接结算、交易鉴证书等制度，确保交易参与人资金安全和交易公平；《中国水权交易所信息公告管理办法（试行）》明确中国水权交易所将依据交易参与人提交的申请书，将水权交易信息公开发布，建立了信息披露机制。

（2）广东省。广东省人民政府于2016年印发的《广东省水权交易管理试行办法》是我国地方水法规中第一部关于水权交易的省部级规章。这部规章细化了对水权交易主体的监管要求，主要包括以下几点：

1）用水总量已经达到该行政区域用水总量控制指标的地区，应当采取水权交易方式解决建设项目新增取水。用水总量尚未达到该行政区域用水总量控制指标的地区，经县级以上人民政府批准，可以采取水权交易方式解决建设项目新增取水。

2）依法转让取水权需要符合转让的水量在取水许可证规定的取水限额和有效期限内、转让的水量属于用水总量控制指标的管理范围、转让的水量为通过节水措施节约的水量、已安装符合国家技术标准的取水计量设施、转让地表水取水权后不需要新增地下水取水量等条件。

3）依法受让取水权应满足需要新增取水的建设项目符合国家产业政策、建设项目用水符合行业用水定额标准、拟取用的水量未超过流域水量分配方案确定的可取用总量等条件。

4）县级以上人民政府可以依法转让本行政区域尚未使用的用水总量控制指标，包括未分配的水量以及用财政资金建设的节水工程节约的水量等。

5）用水效率和水功能区限制纳污符合水资源管理责任考核要求、拟取用的水量未超过流域水量分配方案确定的可取用总量等条件的，县级以上人民政府可以通过交易取得用水总量控制指标。

（3）河南省。河南省水利厅于2015年印发的《河南省南水北调水量交易管理办法（试行）》明确省水行政主管部门负责南水北调水量交易的监管。省辖市所属县级区域（省直管县除外）需要交易水量的，需经省辖市人民政府同意。办法明确了交易准入的相关要求，规定省水行政主管部门设置省级水权交易管理平台负责全省南水北调水量交易的日常工作。同时对于跨调度年度的水量交易，省、省辖市及省直管县（市）水行政主管部门会同同级南水北调管理单位，在每个调度年度结束后对水量交易进行复核。

（4）贵州省。贵州省水利厅于2018年印发的《贵州省水权交易管理暂行办法（试行）》明确水权交易应有利于水资源高效利用与节约保护，不得影响公共利益或利害关系人合法权益，不得挤占城乡居民生活、农业生产和生态环境合理用水。县级以上人民政府水行政主管部门负责本行政区域内水权交易的监督管理工作，并在交易期限内组织开展水权交易后评估工作，通过政府网站等平台依法公开水权交易的有关情况。

（三）相关权属交易的监管经验

近年来，我国及世界有关国家在排污权有偿使用和交易、碳排放权分配和交易、矿业权交易等权属交易方面的改革探索取得了积极进展，针对有关交易行为的监管也形成了一些做法和经验，可为水权交易监管提供参考和借鉴。本

书针对矿业权交易、碳排放权交易和排污权交易监管的做法和经验做简要介绍。

1. 排污权交易监管

排污权交易监管主要是政府依法对排污权交易的整个过程进行监督、管理、引导以及调节。具体内容包括以下几点：

（1）对排污总量核定的监管。总量控制是排污权交易制度运行的前提，对排污总量的核定是排污权交易监管的重要一环。排污总量的核定有两种方式：目标总量核定法和容量总量核定法。目标总量核定是指基于当前的经济发展状况和污染治理技术水平，制定某地区一定时间内的排污总量目标。容量总量核定是指在保证居民生活环境质量的前提下，根据某地区生态环境的最大容量确定排污总量。

（2）对排污权初始分配的监管。我国排污权初始分配方式主要有三种类型：免费分配、有偿分配及免费与有偿混合分配。对于免费分配的监管，主要是杜绝权利寻租行为。对于有偿分配的监管，主要是监管排污单位的行为，杜绝囤积排污权等扰乱交易市场的行为。

（3）对核查机构的监管。政府对核查机构的监管体现在三个方面：①对核查机构准入的监管。政府加强对核查机构市场准入环节的认证监管，是核查机构具有专业性的保证。②明确核查机构的原则。政府需引导核查机构树立公平原则，要求核查机构在工作中应以排污单位提供的排污数据以及相关事实为依据，公平同等对待各个被核查的排污单位。③对核查结果进行复查，避免核查人员和核查机构在工作过程中因故意或者过失而导致核查结果真实性、准确性不足等问题的出现。

（4）对二级交易市场的监管。排污权二级交易市场是运用市场机制解决环境问题的体现。政府对排污权二级市场的监管重点包括对排污单位进入交易市场的资格进行审核，当市场出现非正常波动时，在尊重市场规律的情况下维持市场秩序，以及在排污权交易完成后进行排污总量核定等。

2. 碳排放权交易监管

碳排放权交易市场一般需在政府引导的前提下建立与运行，因此政府会对该市场实施广泛而严格的监管，重点包括以下几个方面：

（1）设定碳排放配额的总量控制目标。政府设定总量控制目标是碳排放权交易市场得以启动的前提条件，也是政府从配额供应的角度对碳排放权交易实施监管的重要步骤。通过设定总量控制目标，政府可以相对有效地影响交易市场上的排放配额的数量以及价格，并引导企业的减排行动。当市场上流通的配额存在数量过少或价格过高等问题时，政府可通过免费或有偿方式增加配额的供应。与之相对应，当市场上流通的配额存在数量过多或价格过低等问题时，政府可回购一定数量的配额。

（2）初始分配碳排放配额。政府在确定总量控制目标后，即按照一定的标准和方式，向每个控排企业发放碳排放配额。为尽快建立碳排放权交易市场，政府往往选择初期免费、后期收费的方式来发放配额。待市场成熟后，初始分配方法会逐步过渡到有偿为主、免费为辅的阶段，最终实现完全有偿分配。

（3）审查与确定交易主体。在碳市场启动初期，排放集中的工业企业（如能源、钢铁、化工等）通常会成为强制参与交易的主体。此外，政府一般会根据企业的历史排放量来选择特定的控排企业并强制要求其参加碳排放权交易。

（4）监督排放数据的报告与信息披露。碳排放权交易作为一种虚拟商品交易，其持续健康运行以及温室气体减排效果均有赖于大量真实、准确的数据与信息。因此，政府会要求控排企业提供完整、真实、准确的数据和报告，同时也会委托第三方机构核查企业数据。另外，碳排放权交易涉及大量的信息披露，包括碳排放配额分配、参与碳排放权交易的企业信息、交易行情、价格、数量、金额等市场信息等，政府会监督有关信息及时、准确公开。

（5）督促企业履约和处罚违规行为。政府会监督企业的履约行为，确保企业上缴的配额总量足以抵消其实际排放量。当控排企业出现违规行为时，政府可以对违规企业施加处罚，包括责令限期改正、罚款、公布违规企业名单、纳入信用“黑名单”、取消财政资助、禁止新项目审批、双倍扣除下一年度配额等。

3. *矿业权交易监管*

矿业权交易本质上是附带了多种条件以及行业门槛的一种契约行为，政府需要依赖制度建设及技术支持手段在矿业权交易的各个阶段进行介入，从而实现矿业权交易自由与政府监管之间的契合与平衡。根据已有研究分析，政府在对矿业权交易监管时主要以下面几种制度为抓手进行。

（1）矿业权交易审批登记制度。矿业权的交易不可避免地引起权益主体和权益结构的变更，改变矿业权的权益组织，各国关于矿业权交易的审批登记制度大体相同，主要的过程包括申请、许可、登记。既可以保护矿业权权益主体的合法权益，也可以为纳税提供依据。

（2）矿业权评估制度。评估方式可分为政府组织的评估和民间组织的评估，政府对民间组织的评估具有宏观调控作用。具体的矿业权评估有三种情形：①矿业公司上市、保险、纳税等，需要进行矿业权评估；②对第三方利益产生影响时，必须评估；③只涉及公司间交易方的利益时，可由交易方协商是否进行评估。

（3）信息公开制度。在一些发达国家，矿业权相关的地质资料等在一般情况下都是可供查询的公共产品。同时矿业权市场监管信息系统和信用体系的建

立，也将矿业权的信息真实度有效提高。

(4) 公众参与制度。一些发达国家在制定交易制度时允许公众参与。例如，美国在确认煤炭资源价值过程中，详细制定了公众参与程序，在煤炭租约招标之前，允许公众发表影响公平的煤炭租约市场价格的各种意见。

(四) 内蒙古自治区水权交易监管制度建设重点

1. 水权交易监管制度建设的相关要求

《中共中央关于全面深化改革若干重大问题的决定》要求健全自然资源资产用途管制制度。《中共中央 国务院关于加快推进生态文明建设的意见》要求完善自然资源资产用途管制制度，明确各类国土空间开发、利用、保护边界，实现能源、水资源、矿产资源按质量分级、梯级利用。《生态文明体制改革总体方案》要求将用途管制扩大到所有自然生态空间，严禁任意改变用途。水资源是自然资源的重要组成，应当严格按照中央健全自然资源资产用途管制的决策部署，加强水资源用途管制。从实践看，建立健全水资源用途管制制度是确保水权交易规范、有序进行的必要条件，是维护水市场健康发展的关键措施。现阶段，对水权交易监管制度建设有明确要求的政策文件是《水利部关于加强水资源用途管制的指导意见》(水资源〔2016〕234 号)。该文件不仅提出了加强水资源用途管制的重要性和紧迫性、总体要求、主要任务和保障措施，更是明确了要通过建立健全水资源用途管制制度，来强化对水权水市场的监管。

建立健全水资源用途管制制度的基本内容有以下三个方面：

(1) 明确水资源用途。明确水资源用途是开展水资源用途管制的前提。通过健全水资源规划、用水总量控制指标、生态流量（水位）指标、水功能区管理目标体系，厘清经济社会发展用水和生态需水的合理边界，明确水资源的经济社会发展用途和生态环境用途；通过健全行业用水配置方案和水源配置方案，将经济社会发展的各类水资源用途细化到各行业、落实到各水源；通过水资源论证、取水许可管理及水资源使用权确权登记，将水资源行业用途和各水资源的主要用途落实到取用水户，明确各取用水户取用水资源的具体用途。

(2) 落实水资源用途管制措施。落实水资源用途管制措施是开展水资源用途管制的关键。通过确保优质水资源优先用于生活用水和严格保护饮用水水源地，优先保证城乡居民生活用水；通过维护江河湖泊生态流量和水位，加强重要生态保护区、水源涵养区、江河源头区保护，严格地下水开发利用总量和水位双控制，确保生态基本需水，维护和修复水生态环境；通过优化配置农业、工业和其他各类生产用水，保障粮食安全和供水安全；通过严格水功能区分级分类管理，建立河湖水域岸线规划约束机制，严格河湖水域岸线空间管护，努力实现河湖水域不萎缩、功能不衰减、生态不退化。

（3）严格水资源用途变更监管。严格水资源用途变更监管是水资源用途管制的重要手段。规划调整涉及水资源用途变更的，应当重新进行规划水资源论证，确保水资源用途管制目标的实现。取用水户应当按照取水许可证载明的用途使用水资源，水行政主管部门要加强管辖范围内用水单位的监督检查，确保水资源按照规定的用途使用。取用水户因水权交易需要变更水资源用途的，审批机关在办理取水权变更手续时，应当对用途变更进行严格审核。禁止基本生态用水转变为工业等生产用途，禁止农业灌溉基本水量转变为非农业用途。禁止严重影响城乡居民生活用水安全的水资源用途变更，以及可能对第三者或者社会公共利益产生重大损害且没有采取有效补救措施的水资源用途变更。对经审批允许变更水资源用途的，审批机关应当定期检查水资源用途变更的实施情况，防止以水权交易之名，套取取用水指标，变相挤占农业、生态用水。

2. 内蒙古自治区水权交易监管制度建设的重点内容

综合以上分析，伴随着水权交易市场的培育，内蒙古黄河流域应当重点围绕以下几项内容逐步建立健全水市场监管制度。

（1）建立健全用途管制制度。在水权确权过程中，应当依据最严格水资源管理制度、水资源规划、水功能区划等相关政策和规划，区分生活、农业、工业、服务业、生态等用水类型，明确水资源使用用途。应当加强对水资源用途变更的审查和审批，取用水户因水权交易需要变更水资源用途的，审批机关在办理取水权变更手续时，应综合考虑用途变更带来的影响，涉及社会公共利益和可能对第三方造成重大影响需要听证的，应向社会公告并举行听证，防止农业、生态或居民生活用水被挤占。此外，应注重对灌区内开荒扩耕行为的监管，坚决遏制农业用水户将节约后本应交易的水量擅自用于新开垦耕地耗用的情况。

（2）注重交易监管自身的制度完善。在交易准入监管方面，下一步制度优化重点应当是进一步明确各类交易的准入条件。内蒙古黄河流域水权交易的现有做法明确了部分交易的准入条件，主要是盟市内和盟市间的取水权交易有准入规定，但其他交易在准入规定方面是不足的。如水权收储制度中，哪些社会资本可以开展水权收储；区域水权交易中，哪些区域政府可以开展区域水权交易，这些都需要进一步明确。灌溉用水户水权交易目前尚未开展，今后如果开展了，也需要明确哪些主体可以开展灌溉用水户水权交易。在平台监管方面，伴随着自治区水权收储转让中心市场化的推进，对平台监管的重要性将越来越突出。为了确保水权交易不损害公共利益，需要探索建立适应市场运作的平台监管机制，加强水行政主管部门对交易平台本身的监管。在资金监管方面，在内蒙古自治区水权交易中，有很多资金涉及政府或者是直接与政府相关，需要

建立健全交易资金的监管制度，特别是闲置取用水指标由政府收回并授权自治区水权收储转让中心进行处置后，需要进一步完善交易资金收缴、纳入财政管理以及如何使用和监管等方面的内容。

（3）建立水市场监管制度。一是要强化水市场行为监管。要逐步建立水市场准入规则，加强对可交易水权、交易方式、交易价格、交易用途等方面的审批和监管，强化风险管理，严厉惩处市场垄断和不正当竞争行为，广泛运用科技手段实施监管，维护市场良好秩序。二是要建立第三方和生态环境影响评估及补偿机制。水权交易具有强烈的外部性特征，要充分考虑其对生态环境和第三方利益的影响。将第三方和生态环境影响评价作为水权交易的必经程序和重要约束条件。探索建立用水区和水源区之间、调入区和调出区之间进行补偿的制度。三是要建立水市场的社会监管机制。包括媒体、环保组织、投资者、信用评级机构、资产评估机构、会计师事务所、律师事务所等多方面的监督。要发挥社会监督作用，弥补政府监管存在的不足之处。

五、第三方影响和利益补偿制度

根据第二章关于交易监管制度的评估结论，交易监管制度下一步细化的方向应当是进一步明确界定水权交易可能对第三方和公共利益的影响及补偿，一方面要开展制度细化工作，提高制度的可操作性；另一方面要围绕制度落实下功夫，确保水权交易对第三方和公共利益的影响处于可控范围。

（一）准确界定水权交易第三方的范围

1. 国际上水权交易第三方的界定方式及范围

水权交易的第三方界定及第三方效应分析是水权交易制度的重要内容，国外水权交易和水市场发展比我国早，对水权交易的第三方界定及研究也更早。美国西部水管理委员会（Committee on Western Water Management）研究了西部地区水权交易的效率与公平及其对环境的影响，界定了第三方效应的范围，它包括所有非水权交易主体的一方，其他水权持有者，农业、环境、城市利益，其他种族团体和印第安部落、非农业社团及联邦纳税人，当水权移出后，会对这些群体和个人产生影响。水权交易对这些第三方的影响就是第三方效应，这些效应包括有利的效应和不利的效应，有些效应是人们故意产生的，有些效应是人们无意产生的。

基于水权交易的效率和公平原则，第三方效应就成为不可回避的话题。水资源是一种共有资源，水权交易不同于一般私人物品的交易，水资源使用主体的多样化会使得水权交易主体首先考虑自己的利益，在此过程中可能以牺牲除买卖双方外的第三方的利益为代价。

从西方国家的水权交易界定范围和效应作用的主体来看，水权交易的第三方效应主要作用的主体包括：①其他水权持有者和其他用水者；②农民和农业的维持和扩张以及当地为农业服务的企业；③生态环境，包括流域内水流、鱼类和水生动物、湿地及湿地上的濒危物种，河流沿岸的生态环境等；④水质；⑤城市利益；⑥农村社区；⑦其他主体，包括水上娱乐者、水力发电企业等。

2. 准确界定内蒙古自治区水权交易中的第三方范围

在内蒙古自治区水权交易实践中，应当根据不同的交易类型，确定不同的第三方主体。

（1）对于灌区节水改造后的交易，第三方影响重点考虑的是农户及生态环境。因此，第三方的范围包括灌区的农户、灌区管理单位以及生态环境等公共利益。

（2）对于区域政府间水权交易，以结合引调水工程实施开展的交易为主，第三方影响重点考虑的是水量调出区的相关取用水户及下游生态环境。因此，区域政府间水权交易第三方的范围包括水量调出区的相关取用水户、下游受到影响的生态环境等公共利益。

（3）再生水水权收储和交易是对废污水经适当处理后，达到一定的水质指标，满足某种使用要求进行的水权交易。与海水淡化、跨流域调水相比，再生水具有明显的优势。从经济的角度看，再生水的成本最低，从环保的角度看，污水再生利用有助于改善生态环境，实现水生态的良性循环。因此，再生水水权的收储是下一步水权交易可以探索开展的类型，且基本对第三方和生态环境不会造成负面影响。

（4）灌溉用水户的水权交易，第三方影响重点考虑的是农业与生态环境。灌溉用水户水权交易在灌区内部用水户或者用水组织之间进行，要避免灌区内部用水户进行水权交易后对农业与生态环境造成影响，如果存在对农业与生态环境有较大影响的，则应当停止水权交易。

（二）建立健全第三方利益补偿制度

利益补偿制度主要包括以下内容：

（1）补偿主体。补偿主体应当根据“谁受益、谁补偿”的原则，确定由受益方补偿。

（2）补偿方式。补偿方式有很多种，在我国水权交易中，通过反映在交易价格上的金钱补偿是最常见的一种方式，此外还有其他根据影响的具体情况确定的方式：

1）对于生态环境，首先要划定红线，对于影响基本生态用水的，严格实施用途管制，禁止交易；对于未影响生态红线的交易，要有生态影响评估，对

后续可能造成的影响进行消减或消除，影响跟踪评估、消减和消除措施等费用，要在交易费用里充分体现。同时生态环境的补偿方式也应当多样化，如在考虑生态环境影响补偿方式上，在美国俄勒冈州为了避免这种情况，法律规定节水者必须将25%的水贡献到原有的河流中；建立水环境安全风险保证金制度等。

2）对于现状取用水户，原则上要有替代措施，确保现状合理取用水不受影响，确实受影响的才考虑经济补偿方式。

(3) 补偿标准。补偿标准必须能够充分补偿受损利益，经过第三方评估确立补偿标准。

(4) 补偿实施和监督。为了确保第三方和公共利益，应当建立专门的实施机制，一方面，在规范层面可以直接规定由交易平台对第三方和公共利益影响进行审查，如果转让后对有重大利害关系的第三方和周边水生态环境产生影响的，则必须提供其补偿措施的书面说明材料，尤其可能涉及公共利益、生态环境的，水行政主管部门应当加强监督；另一方面，探索建立对第三方和公共利益影响进行跟踪评估的机制，做好补偿的实施和监督。

六、交易风险防控制度

（一）水权交易风险防控的意义及重要性

风险被认为是一种由客观现实中的不确定性而造成的实际结果与决策预期的偏差。风险作为一种客观存在而无法从根本上消除，但可以通过分析风险点和成因，将风险影响降低至可接受的程度。交易风险主要指在交易双方试图通过交易方式让自己获得最大收益的过程中，出现收益收窄甚至受损的可能性。

水权交易中以水资源使用权作为交易对象，水权转让方把自己拥有的多余水权转让给需求方，水权交易的参与人与商品交易人一样，都是通过交易让自己获得最大收益，也必然存在着交易风险，水资源的相关因素、交易地区的社会经济因素等都是风险存在的原因。

水权交易风险防控则是指把握水权交易风险状况并及时进行有效防范和控制的工作。虽然水权交易中的风险客观存在且无法完全消除，但通过风险防控，可以合理降低风险，实现水权交易相关方的共赢。

（二）国内外水权交易风险防控相关研究与实践

1. 国内水权交易风险防控相关研究

目前，国内一些研究者开展了水权交易中风险类别的分析，并提出了相应的防范措施，为水权交易风险识别和防范实践提供了理论参考。李鸿雁以宁夏黄河水权转换为例，研究提出要在水权转换中对农业取水户的权益进行保护，对收益减少进行补偿，并积极建立农业风险补偿机制，建立完善农民用水者协会，设立风险补偿基金等。王煜凯把水权理论和经济学相关理论相结合提出了水银行的概念，分析了水银行的运作流程，提出了水银行内部存在的存水、贷水、息价、信息不对称、信用、资本、敞口等七大风险和外部存在的自然风险和社会风险。陈金木等研究了七个水权试点的情况后，提出水权交易中存在超过区域用水总量控制指标而边超用边交易、以水权交易之名套取用水指标、挤占农业用水、挤占生态用水、工业企业囤积用水指标等风险，并提出严格执行用水总量控制，建立节水措施评估认定与核验成效准则，明确农业用水有关权利人的责权利并建立补偿机制，建立严格的用途管制和限制水指标评估处置机制等防范措施。张建斌研究归纳了黄河水权交易中可能存在的水资源超用与水权交易并存、工业用水挤占农业水权、生态环境负外部性、鼓励高污染高耗能企业发展、水资源出让地水资源收益减少等五大风险。针对这些风险，提出了动态调整各省份初始水权，构建流域水域银行，初始水权分配中设置政府预留水量，保证农业水权和生态水权，建立水权交易价格核算体系等防范措施。吴素娟根据水权交易的环节和组成部分，将水权转让方面临的风险因素总结为水资源因素、社会因素、经济因素、用水因素和交易因素等五大因素，并以此为基础，构架了水权转让方交易风险评价指标体系。

2. 国内水权交易风险防控相关实践

目前，中国水权交易所和包括内蒙古自治区在内的部分已开展水权交易探索的地区，已经围绕水权交易风险防控，率先开展了制度建设的探索实践。

(1)《中国水权交易所风险控制管理办法》。为加强水权交易风险控制管理，维护水权交易各方的合法权益，保证各类交易的正常进行，中国水权交易所于 2016 年制定了《中国水权交易所风险控制管理办法》。办法全文共 17 条，按照交易环节，对风险控制进行了制度设计。

1) 为有效规避违约风险，中国水权交易所实行交易保证金制度。办法规定，交易保证金金额为转让标的挂牌价的 10%，如在申请时未提出挂牌价的，按 2 万元确定。受让方缴纳的保证金可在扣除交易服务费用后转作交易价款。缴纳保证金后，对于信息公告期间退出交易程序、未达成转让协议、竞价未成功的，中国水权交易所于 10 日内返还保证金。已取得竞价资格但未参加竞价活动、已竞价成功但不与转让方签订交易协议的，中国水权交易所扣除交易费用后返还保证金。受让方或者转让方发生违规违约行为，利益受损方可以以保证金为限，主张赔偿责任。

2) 中国水权交易所可以通过要求交易参与人报告情况、谈话提醒、书面警示等措施警示和化解风险。

3) 出现特定情况时，中国水权交易所可以要求交易参与人提供补充材料，

采取约谈提醒或者中（终）止交易等措施。

4）中国水权交易所主动接受政府监管，加强行业自律和自我约束，自愿加入首都要素市场协会及北京市登记结算平台，规范交易管理。

(2)《河南省南水北调水量交易风险防控指导意见》。为有效防控河南省南水北调中线工程水量交易风险，维护交易各方的合法权益，保障水量交易公正有序，河南省水利厅、河南省南水北调办于2016年制定印发了《河南省南水北调水量交易风险防控指导意见》。意见共12条，适用于河南省内各市、县（区）及引丹灌区以省人民政府明确的南水北调中线工程水量指标为基础，协商开展的年度以及一定期限内结余水量的交易。意见明确了南水北调水量交易中存在的四种风险和防控措施。

1）自然气候风险，即转让方在枯水年无法转让合同（或者协议，以下均称“合同”）约定的水量。针对风险，意见要求交易应当以中、短期交易为主，确需长期交易的，转让方可以与受让方签订长期交易意向（或框架性协议），并根据意向按双方约定期限分期签订正式合同。对于因雨情、水情发生重大变化等原因，转让方无法转让合同约定的水量的，转让方和受让方可协商提出解决方案；协商不成的，由河南省水利厅协调解决或者通过联合调度等方式统筹解决。对于受让方对南水北调水资源需求减少，不需要购入或足额购入合同约定水量的，受让方应与转让方协商变更合同转让水量；无法达成一致意见的，按照合同约定的违约处理措施解决。

2）水资源管理风险，即因转让方水资源管理不符合有关要求，导致水量交易不符合条件而无法继续开展。意见要求，如出现转让方所在区域上一年度地下水开采总量超过地下水开采控制指标或者地下水压采量未达到年度地下水压采目标、转让方所在区域上一年度取用水总量超过该年度用水总量控制指标等情形，致使交易合同中止的，相关经济损失由转让方承担。

3）突发事故风险，即合同生效后，因出现工程毁损或突发环境事件等事故，导致水量交易难以正常开展。意见要求，受让方应当加强所辖配套工程（含应急引水工程）维护，确保工程良性运行和水量交易的顺利交割。出现相关情况应及时报告，并与转让方进行协商。

4）违约风险，即合同生效后，转让方或受让方无故不履行或不完全履行合同。意见要求，因转让方或者受让方主观原因导致交易合同全部或部分无法履行的，按照双方约定进行违约赔偿。转让方与受让方通过交易机构实施交易的，转让方和受让方应当按照交易机构的相关规定缴纳交易保证金。因转让方或者受让方原因导致合同全部或部分无法履行的，相关责任方应当以其设定的交易保证金金额承担赔偿责任。造成的损失超过保证金的，利益受损方可以追偿。

（3）《内蒙古自治区水权收储转让中心有限公司风险控制管理办法》。2017年，自治区水权收储转让中心结合区域实际，制定了风险控制办法。办法共19条，主要针对交易风险和突发事件风险进行了制度设计。

对于交易风险，自治区水权收储转让中心实行交易保证金制度，交易保证金金额以水权交易信息公告为准。已取得受让权的受让方，不按期与转让方签订交易协议的，或者不履行交易协议的，视同放弃受让权，若未对转让方造成损失，则其缴纳的保证金在扣除交易服务费后返还。出现特定情形时，转让方可以在受让方缴纳的保证金扣除交易服务费用的限额内，主张赔偿责任。保证金额不足以弥补因受让方违规违约造成的损失的，利益受损方可以向受让方依法进行追偿。自治区水权收储转让中心可以通过要求交易参与人报告情况、谈话提醒、书面警示等措施警示和化解风险，在特定情形下也可以采取约谈提醒或者中（终）止交易等措施。

突发事件风险指由于突然发生的、有别于日常经营的，可能会对自治区水权收储转让中心经营管理或声誉产生严重影响或者危及水权交易各方安全，需要采取应急处置措施予以应对的突发性事件，致使水权交易无法正常进行所带来的风险。办法明确了风险预警、事件处置和总结完善的处置程序与具体要求。

3. 国外水权交易风险防控相关探索

参考张建斌对国外水权交易风险防范的研究分析，本书对国外水权交易防控相关探索做简要介绍。

美国主要采取了以下措施：①创新水权交易方式，如加州政府成立了水银行，水银行以满足重要用水需求确定买方顺序，并采取统一价格和设定价格变动条款来应对不同需求；②注重对生态影响的审查，要求水权交易必须通过环境影响评价程序；③强调水权交易不损害他人原则；④对跨流域、跨州、跨县水权交易进行严格限制；⑤明确政府可以进行紧急干预。

澳大利亚制定和完善了一系列关于水权交易的法律法规，从法律角度承认水权可以交易，完善了水权交易规则，制定了监督和管理水权交易第三方效应的相关措施，开发了多种水权交易审计计量系统。为推动水权市场向可持续发展型市场转变，政府作为环境用水和公共利益代言人参与水权购买，在一些流域设定了水权交易限额，同时在水权交易中，严格执行对水权出售方的水资源所有权、使用权、涉及的第三方利益和输水能力的核查以及对购买方输水能力、相关环境标准和规划符合情况等的核查。

智利在探索减少私有水权、强化政府对水权交易中公共利益的保护中，采取了以下方式防控风险：①水权初始分配注重社会公平和环境可持续性；②对水权交易采取评估政策，评估对相关地区发展的负面影响；③重视环境保护，

要求水权交易必须考虑生态环境问题；④充分发挥用水户协会的作用，由组织良好的用水户协会监督水资源的交易实施。

（三）国内相关权属交易中的风险防控及经验

改革开放以来，包括水资源在内的自然资源各领域都在积极探索推进产权制度改革，目前土地使用权、林权、矿业权等已经在不同程度上实现了资产化管理。此外，近年来我国开展的排污权有偿使用和交易、碳排放权分配和交易的改革探索，也取得了积极进展。这些领域在权属制度建设中开展的风险防控探索，也为水权交易的风险管理提供了借鉴和参考。以下本书就矿业权交易、碳排放权交易和排污权交易中风险防控的做法和经验做简要介绍。

1. 矿业权交易中的风险与防控

矿业权交易中的风险可归纳为三种：①矿业权交易中的权利风险。从产权关系看，矿产资源所有权始终属国家所有，因而即使矿业权人拥有了矿业权，国家根据宏观经济和产业政策仍有权依法决定矿业权的终止。从矿业权的有效期看，探矿权最长有效期为 3 年，采矿权最长年限为 30 年，但发放的大多数探矿权和采矿权的实际年限要低于上述年限，在矿业权延续换证过程中也存在一定的风险。②交易合同中存在的风险。矿业权转让合同签订后，一方不配合办理报批手续是目前矿业权转让交易中最突出、最典型、最普遍的风险。某些地方由于缺少交易平台，交易周期增长，交易信息难以常态化地公开管理，在二级市场转让的矿业权，很多情况是交易双方没有履行国土资源厅审批这个必要生效要件就进行交易，从而出现倒卖矿业权的现象，造成矿业权交易秩序混乱。③矿业权评估制度产生的风险。由于矿业权的特殊属性，其价值不能被普通的交易者充分合理地估计，需要有专业的机构对矿业权的价值进行评估。我国在矿产资源储量评估、探矿权及采矿权评估等方面，社会化的矿业权中间机构很不发达。交易的价格过分高于矿权的价值或者严重低于矿权的价值，都会导致交易双方的风险。

第一种权利风险是我国矿业权的一元属性决定的，属于一种法律风险或者是国家政策上的风险，可通过立法的不断修改和完善来解决。对于矿业权交易中的合同风险，矿业权交易所可以起到很好的风险防范作用。现有的规定中除了有自身建立的风险控制制度，还会定期对投资人进行风险意识的培训。独立发审制度、保证金制度、信用评级制度是规定中采用的主要风险调控制度。

独立发审制度：矿权交易所公开聘请社会专家组成发行审核委员会，由矿业权交易所和社会专家对权利人提交的材料及其信息披露内容进行审核。由专业的中介机构来介入合同的签订过程，对交易的双方（这里主要是矿权的出让方）的资格进行审核，保障合同的安全性和交易的公开性。

保证金制度：矿业权交易所分别与权利人和投资人签订两个保证金合同——履约保证金合同和交易保证金合同。收取保证金是作为交易双方遵守交易规则、履行交易义务的资金担保。

信用评级制度主要应用在保险、证券领域，广义的信用评级是对企业等矿业交易市场参与主体的信用记录、经营水平、财务状况、所处外部环境等诸因素进行分析研究的基础上，就其信用能力（主要是偿债能力）及其可偿债程度所作的综合评价。

2. 碳排放权交易中的风险与防控

2017 年，《全国碳排放权交易市场建设方案（发电行业）》印发实施，标志着全国碳排放交易体系正式启动。与欧美发达国家相比，我国碳排放权交易的发展还处于起步阶段，各方面建设亟待完善，因此不可避免地暴露出较多的政策、法律法规、交易机制、信息不对称等问题，尤其是面临着发展过程中的各种风险，制约了碳排放权交易的有序运行。

根据孔祥云的研究，我国碳排放权交易面临的主要风险有以下几种类型：①政策风险。2018 年至今，国家出台了一系列措施对碳排放权交易市场建设给予政策支持，从另一个角度看，也说明我国碳金融市场对政府政策存在显性依赖。②法律风险。目前只有 2015 年国家发展和改革委员会颁布的《碳排放权交易管理暂行办法》对水权交易进行了规范，缺乏真正的法律。③市场风险。目前，我国尚未形成统一的碳市场，各地区市场相对独立和分割，相互之间缺乏一定的交流与合作，从制度建设、市场进入与退出、市场运行、市场监管等方面差异很大，碳配额产品和自愿减排碳信用等项目只适合在本地区流动，进而导致全国的流动性分散。④信用风险。碳信用被用作广泛的增值税欺诈工具，这种欺诈被称为旋木欺诈，即一家本地公司将进口的碳信用卖给其他国内公司并收取增值税费，但这家本地公司随后便消失，该交予税务部门的税费也不知下落。我国碳市场刚刚起步，相关建设的不完善容易被一些利益主体利用而导致信用风险。⑤操作风险。市场发展初期，市场滥用行为会带来典型的操作风险，交易者往往利用制度漏洞、交易系统漏洞等进行非法牟利；或者参与者对碳排放权交易的规则和操作模式等缺乏认知和了解，容易导致操作失误、系统失灵等。⑥技术风险。碳排放权是一种虚拟的无形商品，其线上的交易依赖安全稳定的计算机系统。在碳金融交易开展的最初几年，重复交易和黑客攻击等暴露了碳排放权交易在监测、运行、报告等方面存在的技术性漏洞。

目前，对于碳排放权交易的风险，应持续通过完善碳金融政策体系，健全碳排放权交易法律法规，培育碳金融服务机构，加强碳金融交易工具创新，强化碳金融监管等方式来加以解决。具体操作中已探索建设了现货全额交易制度、涨跌幅限制制度、配额持有量限制制度、大户报告制度、不良信用记录制

度、风险警示制度、应急管理制度和其他风险控制措施。现货全额交易制度要求在碳排放权现货交易中，交易参与人在本所结算专用账户中的可用资金应当不低于其申购交易品种的全额价款。涨跌幅限制制度要求将成交价格限制在开盘价的一定比例范围内。配额持有量限制制度是指对交易参与人的配额持有量进行限制并采取相应管理措施的制度。大户报告制度要求市场参与人持仓量达到主管部门对相应主体持仓限额要求的80%及以上，或者被本所指定为必须对持仓情况进行报告的，应当于下一交易日收市前向本所进行报告。不良信用记录制度要求将出现认定的违规违约行为的交易参与人，列入不良信用记录并严格管理。应急管理制度要求对包括交易异常情况、意外事件和不可抗力等其他应急事项进行处置。其他风险控制措施包括加强监督检查、及时将风险控制情况上报主管部门、对交易参与人和交易平台工作人员进行培训等。

3. 排污权交易中的风险与防控

单丽梅将排污权交易中的风险定义为：实施排污权交易的过程中，某些局部区域的污染物积聚、环境质量趋于恶化的可能性。这种风险主要可分为空间性风险和时间性风险。空间性风险即存在区域内局部地区的污染物积聚的可能性，如某企业大量购买排污权来降低自己的整体生产成本，造成排入附近区域的污染物猛增，超过承载能力。时间性风险是指存在某一特定时刻的污染物排放增加过量，导致此时的水体环境恶化的可能性。时间性风险产生的原因包括三种：①企业工作时间和季节性生产产生的风险。如因工作时间长短不同，一些企业使用购买的排污权配额时，削减该配额的企业已经停止工作。②因流域水文情况季节性变化而产生的风险。河流丰、枯时期水体纳污能力差别较大，企业在枯水期使用配额时可能会产生污染物浓度过高的情况。③排污权期末集中使用导致的风险。由于当年排污权不能结转至下一年，企业可能存在排污权到期前集中使用的情况，进而造成污染物增加。

整体上，为有效控制排污权交易可能产生的风险，应考虑水体固有的全方位、多因子、整体性的这些特点，将水环境整治与水环境容量这一资源的开发利用相结合，明确水环境容量资源的受益者，对于水环境容量资源的开发利用要实行全流域统筹兼顾的方针，以水体的环境总量为基础来考虑，并且要综合考虑上下游的水体环境容量，沿流域两岸、湖泊水库、支流汇入等周围的排污情况，合理进行排污权交易。控制风险的具体方法可归纳为以下四点：①设定较高的削减目标；②划定交易的地域范围，对需控制的污染地区的环境容量，在同一个控制地区内开展交易；③限制不同污染源之间的交易，不同类型的企业的废水差异很大，对环境的影响程度也不同，在交易时需要加以限制；④设定交易比率，在不同位置、区域的交易源之间设定交易比率，通过比对各污染源对环境质量的影响程度来确定这一比率。

（四）内蒙古自治区水权交易防控制度建设重点

综合以上分析和内蒙古黄河流域已有实践，应当进一步强化对不同类型水权交易中存在的不同类型风险的防控。

1. 区域间开展水权交易可能存在的风险及防控

（1）受来水不确定所影响，区域的可交易水量存在不确定性。出现干旱等情形导致区域用水紧张时，区域内用水与受让区域的用水可能存在冲突。防范办法主要是限制交易期限，如将区域水权交易限定于年度交易或短期交易，从而尽可能消除这种不确定性。

（2）交易的不是节余水量，造成区域“边超用边交易”的不合理现象。防范办法是对区域水权交易进行严格监管，对于用水总量控制考核不合格、地下水超采或压采不合格的地区，限制开展水权交易；已经开展交易的，予以暂停交易，直至考核合格、地下水不再超采。

（3）对第三方造成不利影响。防范办法是对交易进行论证，对可能对第三方造成的不利影响进行评估，并采取必要的措施予以消除。

2. 无偿配置的取水权交易可能产生的风险及防范

对于无偿配置的取水权交易，由于需要将交易前提限定于通过节水措施节约的水资源，因而潜在风险较多，需要通过建立有关制度和机制进行防范。这也是取水权转让立法过程中急需配套开展的重要制度建设。主要防范交易的不是节约的水资源，造成以水权交易之名套取用水指标，并使转让方不当得利。

3. 有偿取得的取水权交易风险及防范

与无偿配置的取水权交易重点要防范以水权交易之名套取用水指标、挤占农业和生态用水不同，有偿取得的取水权交易风险主要如下：

（1）工业企业可能存在投机行为，利用囤积的用水指标牟取高额利润。防范的重点是建立严格的用途管制制度和配套闲置水指标评估处置机制，防止利用取水权垄断牟取不当利益。

（2）对第三方权益造成侵害。其防范的关键是要建立第三方知情和异议制度，通过水权交易公开程序，让潜在的第三方了解水权交易，并对水权交易提出异议。水行政主管部门对于第三方提出的异议进行审查，确保水权交易不对第三方造成侵害。

4. 灌区用水户水权交易风险及防范

灌区内用水户之间的用水权交易，其风险较小。农业向工业的用水权交易，其风险与无偿配置的取水权交易相同，包括以水权交易之名套取用水指标、挤占农业和生态用水等。防范措施与无偿配置的取水权交易相同，包括建立严格的节水措施评估、认定与核验的程序和准则，建立合理的交易补偿机

制，严格实施用途管制制度，对水资源用途变更进行严格审核等。

5. 再生水水权交易风险及防范

开展再生水水权交易，主要有两个风险点：①再生水厂水质处理不达标，致使排入再生水的自然水体水环境受到破坏；②再生水水厂处理的水量小于交易的水量或者取用水企业超量取水。为此，需要有管理权限的水行政主管部门健全跟踪监测机制，在排水口和引水口有针对性地健全监测计量设施，对水质和排入、引用水量进行监测计量，一旦出现上述问题及时要求再生水企业或取用水企业进行整改。

第六章 对 策 建 议

水权交易制度的建设和完善是一项复杂的系统工程，涉及对现有水资源管理体制机制的改革和优化。经过十多年的锐意探索、砥砺前行，总体来看，内蒙古黄河流域水权交易制度建设走在了全国前列，有效支撑了水权交易实践探索。已开展的水权交易规模大、节水成效好、经济效益显著，在为解决自身水资源短缺瓶颈闯出一条道路的同时，为类似地区开展水权交易实践也提供了宝贵经验。

本书前几章对内蒙古黄河流域十多年来的水权交易制度进行了系统梳理和评估，构建起了能够满足日后实践需要的水权交易制度框架，并给出了有关制度优化重点。内蒙古黄河流域水权交易制度建设与实践探索活动相互支撑，从更好推进内蒙古黄河流域水权交易制度建设，能够更有力支撑实践探索的角度，提出对策建议如下。

一、进一步培育水权交易市场

总体来看，当前内蒙古黄河流域水权交易市场发育仍处于初级阶段。十几年来，已开展的交易探索主要是灌区渠道衬砌节水向企业用水的转换以及企业闲置取用水指标的交易。下一步，随着经济形势的好转，内蒙古黄河流域的水资源需求将进一步扩大。为此，还要进一步培育水权交易市场，探索多类型的水权交易形式，为各领域、各环节的水权交易创造条件，为努力破解水资源瓶颈，提升水资源利用效率和效益提供支撑。

(1) 大力推动形成水权买方。在内蒙古黄河流域，要进一步严格用水总量控制，倒逼缺水地区和企业通过水权交易满足新增用水需求。对于已经超量取用水的地区或地下水超采地区，鼓励实行“边超用，边节约，边还账，边交易”，逐步解决超用或超采问题。严格取水许可管理，从严计收水资源税，对于超定额、超许可取用水的单位或个人，要加大处罚力度，明确通过水权交易方式解决超用水量。

(2) 着力培养水权卖方。区域层面，目前内蒙古黄河流域已完成了区域用水总量控制指标的分解，但下一步仍需要进一步确认区域取用水总量和所能享有的所有权人权益，将区域取用水总量分解细化至水源，为开展区域水权交易提供依据。取用水户层面，要进一步规范取水许可，确认取水权，为开展取水

权交易提供依据。在灌区要确认灌区内用水户的用水权，为用水户间的水权交易提供依据。在发掘常规水资源交易潜力的同时，鼓励社会资本进入污水处理市场，加大处理力度，提升再生水水质，为开展再生水水权交易创造条件。按照第五章的论证，要着力建立取水权节约水量评估认定机制、再生水水权核定机制、区域可交易水权确认机制，对不同类型可交易水权完成确认，明晰水权对应的可交易水量，为现实中开展交易增强可操作性。

(3) 丰富水权交易形式。现阶段，内蒙古黄河流域探索的水权交易类型包括盟市内跨行业的取水权交易、盟市间的区域水权交易，总体上看，水权交易形式并不丰富，覆盖的交易对象类型有限。现阶段，内蒙古黄河流域具备条件的水权交易类型包括区域水权交易、取水权交易、灌溉用水权交易和再生水水权交易等。今后，随着水权交易市场的发育，要因地制宜地推进相应的水权交易形式，丰富水权交易双方的需求。

(4) 妥善兼顾各方利益。水权交易涉及主体多，利益关系复杂，为此需要建立强有力的协调机制，妥善解决各方利益。总体来说，水权交易需要兼顾的利益主体，除了交易双方外，主要是生态和第三方利益主体。如在已开展的盟市间水权转让过程中，涉及的利益主体包括生态环境和地方水行政主管部门、灌区管理单位、灌区农户、水权买方等。实施盟市间水权交易，一是由于节水工程的建设，衬砌后渠道下渗水量减少，可能造成出让地区地下水水位的下降；二是灌区管理单位是依靠计收水费维持单位的正常运转，节水工程导致引水量的减少，灌区管理单位因水费计收不足造成了自身运行困难；三是灌区农户用水条件得以改善，用水效率得到了提升，但如果监管不到位，要么存在将灌区节水用于扩耕的可能，要么存在过度转让水权，农户自身灌溉权益得不到有效保障的可能。目前来看，内蒙古黄河流域盟市间水权转让，在一定程度上造成了灌区管理单位收缴水费的减少和灌区扩耕情况的发生。因此，开展水权交易时，要兼顾到各方利益。

二、加强法规政策体系建设

水权水市场建设涉及现有取用水格局和利益的调整，需要加强法规建设予以保障。按照“物权的种类和内容由法律规定”的物权法定原则，有关水权权利体系、水权的权利义务内容、政府有偿出让水权等，需要由国家层面修改《中华人民共和国水法》《取水许可和水资源费征收管理条例》等法律法规。在自治区层面，一方面仍应当按照重大改革要于法有据的要求，推进相关法规建设，使水权水市场建设和相关法规建设相向而行；另一方面，需要就开展水权交易细化完善交易程序、交易监管等事项，尽可能为交易双方提供交易便利，为实施交易监管创造条件。当前和今后一段时期，内蒙古黄河流域有必要从以下方面推进水权水市场相关法规政策体系建设。

(1) 研究修订内蒙古自治区现有水法规。目前，内蒙古自治区层面已出台的水法规包括《内蒙古自治区实施〈中华人民共和国水法〉办法》《内蒙古自治区节约用水条例》《内蒙古自治区地下水管理办法》等。随着内蒙古黄河流域水资源管理精细化、市场化程度的提高，有必要及时将水权交易中形成的成熟制度上升至法规层面，如取水许可动态管理、水权收储与处置、水资源用途管制、区域水权交易制度、取水权交易制度、地下水超采区水源置换制度等，一方面可以为内蒙古黄河流域开展水权交易相关活动提供法律支撑，提升法律效力；另一方面可以将好的制度经验及时推广至内蒙古自治区全区，实现水权改革成果的扩大化。

(2) 及时研究出台水权交易方面的专项水法规。目前来看，全国范围内只有广东省出台了水权交易方面的专项省政府规章《广东省水权交易管理试行办法》，为当地开展水权交易探索提供了有力支撑。相较于广东省，内蒙古黄河流域水权交易实践探索的范围更广，力度更大，成效更明显，有必要及时出台水权交易方面的专项水法规，为指导和规范水权交易提供依据。2017 年，充分考虑内蒙古黄河流域水权交易探索实际和兼顾内蒙古自治区其他地区交易可能性，虽然内蒙古自治区人民政府办公厅出台了《内蒙古自治区水权交易管理办法》，但仍存在立法层级低、效力弱、进一步引导和深化水权交易实践活动作用有限等不足。为此，可以借鉴广东省做法，在将来条件具备时，对《内蒙古自治区水权交易管理办法》进行修订，升级为内蒙古自治区政府规章，将改革成果固定化，进而为水权交易相关实践提供更充分的法规支撑和保障。

(3) 及时制定出台配套政策文件。在盟市内交易和盟市间交易阶段，内蒙古黄河流域因地制宜、因时制宜地制定出台了相应的配套政策文件，用于指导水权交易中的具体工作，发挥了极为重要的作用。2014 年，内蒙古自治区人民政府办公厅更是出台了《内蒙古自治区闲置取用水指标处置实施办法》，用于指导闲置取用水指标的认定和处置相关工作。今后，随着内蒙古自治区再生水水权交易、跨区域水权交易实践探索需求的加大，有必要及时制定出台相应的配套政策文件，为实际活动提供依据。

(4) 加强相关领域改革政策的配套支撑。水价改革、水资源税改革、水利工程建管和投融资机制改革以及水资源管理体制改革等，与水权交易制度建设相辅相成、密不可分。例如，伴随着水资源费改税的推进，相比于取用地表水，在地下水超采区取用地下水，势必会缴纳更多的税款，将倒逼取用水户通过水权交易等途径完成取用水水源的转换。为此，需要加强两项改革工作的衔接，在制定出台相应改革政策时，要相互支撑，避免政策的碎片化。

三、建立制度评估与反馈机制

了解和掌握水权交易制度制定的科学与否、实施成效是否良好等，需要通过及时开展相应的评估工作才能得到有效反馈。本书虽然对内蒙古黄河流域十多年来的水权交易制度进行了系统的评估，并在此基础上构建了内蒙古黄河流域水权交易制度框架，给出了当前和今后一段时期制度建设重点，但从长远看，内蒙古黄河流域的水权交易制度建设仍缺乏一个制度实施的评估与反馈机制，不能对实施的制度及时进行评估与反馈，如果制度实施过程一旦出现问题，将缺乏制度调整的灵活性，进而不利于水权改革的推进。为此，需要建立内蒙古黄河流域水权交易制度的评估与反馈机制，增强制度制定的科学性和后续调整的及时性。为此，建议从以下几方面开展工作。

（1）明确制度评估与反馈的主体。为兼顾评估的客观性与专业性，建议当地水行政主管部门在重点智库和专业化第三方评估机构中选聘高素质的制度评估人员为主，在内部选择水权交易业务能力强的人员为辅，形成一支综合水平突出、专业能力过硬且相对稳定的评估专家队伍，作为承担水权交易制度评估与反馈工作的骨干力量。

（2）建立标准化、规范化的评估程序与评估方法。科学的评估程序与评估方法是开展水权交易制度评估与反馈工作的技术保障。为此，要有效结合水权交易制度建设的阶段性、实效性、专业性、综合性等特点，建立规范化、标准化的评估步骤，对水权交易制度建设的预期成效进行准确研判。此外，还要重视评估工具的应用和创新，使之为具体的评估成果产出及时进行服务。要将定性分析与定量分析方法有机结合，建立水权交易制度评估与反馈的指标体系框架，通过数据采集、指标分析、指数计算等方法，从数理角度更加直观地把握出台制度的质量及其实施情况，进而支撑最终的评估决策。

（3）要及时开展宣传推广工作。水权交易制度体系建设过程同时也是公民水权水市场意识不断觉醒，传统水资源管理体制机制逐步变革的过程。相较于以前，虽然内蒙古黄河流域的水权交易制度建设工作取得了长足的进步，但目前水资源管理部门和社会各界对水权水市场建设的意义、水权水市场建设中政府与市场关系等问题还存在不同认识，这些认识的不统一将影响当地水权水市场建设进程。为此，有必要进一步统一思想，凝聚共识，在制度评估与反馈机制中增加宣传推广职能，借助评估主体的力量，通过培训、宣传、科普等方式，增进各界对推进水权水市场建设、出台系列制度的重要性和必要性认识，提高社会参与度，为推动水权改革营造良好的氛围。

四、进一步加强能力建设

水权交易制度建设和实践探索需要有扎实的基础工作做保障。在内蒙古黄河流域，节水能力、水资源计量监控能力和水资源管理信息化能力，是事关水权交易制度建设和实践探索活动成败的三项基础因素。下一步，围绕这三个方面，内蒙古黄河流域还需要进一步加强能力建设，为拓展当地水权交易制度建设和实践探索的深度和广度奠定基础。

（1）加强节水能力建设。目前，内蒙古黄河流域盟市内和盟市间已开展的水权交易探索，其交易标的主要来自于鄂尔多斯和河套灌区渠道衬砌的节水。接下来，首先，要在条件具备的情况下，尽快启动河套灌区盟市间水权交易的二期工程建设；其次，要将节水工作细化至田间地头，实施畦田改造、安装喷灌滴管高效节水设施及配套等，将常规水资源的节水潜力发挥至最大。此外，还要加强污水的水质处理能力，为开展再生水水权交易创造条件。

（2）加强水资源计量监控能力建设。水资源计量监控是水权确权、水权交易以及用途管制和水市场监管的基础。在内蒙古黄河流域，首先要抓好取水许可管理取用水户的计量监控。对发放取水许可证的取用水户，必须同步配备相应的监控计量设施，确保水权可监管，为水权确权与交易奠定良好的技术基础。其次，抓好灌区的计量监控。在已开展农业用水确权登记的灌区，要因地制宜确定最佳计量点，实现对灌区用水户，尤其是种植大户的用水监控。此外，随着灌区节水工程建设的推进，要及时做好相应的计量配套建设，确保节水量可计量、可监控。

（3）加强水资源管理信息化能力建设。在内蒙古黄河流域，随着水权交易实践探索的深化，需要及时了解和掌握当地的水资源储量、流量和各地区、各灌区用耗排水情况等，势必会提高水资源管理精细化的需求。只有提升当地水资源管理的信息化水平，才能及时准确地掌控上述水资源的动态变化情况。为此，内蒙古黄河流域要不断加强水资源管理信息化能力建设，实现对当地引黄水统筹调用和节约保护的及时监控、管理与评估，同时完善用水计量与统计制度，为水权交易制度建设和实践探索奠定技术基础。

参 考 文 献

[1] “国家水权水市场建设现状、问题及对策研究”课题组，李晶. 实行工业企业取水权有偿取得势在必行 [J]. 水利发展研究，2015，15 (2)：1-4，7.

[2] 陈金木，董延军，李兴拼. 水权确权怎么看怎么办 [J]. 水利发展研究，2018，18 (5)：5-8.

[3] 陈金木，李晶，王晓娟，等. 可交易水权分析与水权交易风险防范 [J]. 中国水利，2015 (5)：9-12.

[4] 陈金木. 探索新形势下的水权水价改革 [N]. 中国水利报，2015-11-12 (006).

[5] 陈庆秋，刘会远. 广东水权制度改革与水市场建设思路 [J]. 生态经济，2006 (7)：103-105.

[6] 程东升. 东江水系生态补偿机制调查：生态补偿 VS 水权改革 [N]. 21 世纪经济报道，2014-03-10 (009).

[7] 单丽梅，张立臣. 排污权交易中的风险分析 [J]. 黑龙江环境通报，2013，37 (2)：5-7.

[8] 郭贵明，韩幸烨，陈金木. 河南省水权试点实践与探索 [J]. 河南水利与南水北调，2016 (7)：57-58.

[9] 国务院发展研究中心——世界银行“中国水治理研究”课题组. 我国水权改革进展与对策建议 [J]. 发展研究，2018 (6)：4-8.

[10] 洪昌红，黄本胜，邱静，等. 谈广东省水权交易制度建设必要性 [J]. 广东水利水电，2014 (6)：80-83.

[11] 黄爱华，裴伟. 广东水资源管理问题的思考与对策 [J]. 特区经济，2011 (1)：242-243.

[12] 黄本胜，洪昌红，邱静，等. 广东省水权交易制度研究与设计 [J]. 中国水利，2014 (20)：7-10.

[13] 黄本胜，芦妍婷，洪昌红，等. 广东省水权交易制度建设及试点若干问题探讨 [J]. 水利发展研究，2014，14 (10)：82-86.

[14] 黄锋华，黄本胜，洪昌红，等. 珠海市水权交易机制设计探析 [J]. 人民珠江，2017，38 (6)：83-86.

[15] 黄锋华，黄本胜，邱静，等. 广东省水权立法若干问题刍议 [J]. 中国水利，2017 (16)：54-56.

[16] 黄辉. 法治评估的范畴：内涵、价值和类型 [J]. 江西社会科学，2018 (4)：169-176.

[17] 孔祥云. 我国碳排放权交易的风险研究 [J]. 时代金融，2019 (6)：191，194.

[18] 李鸿雁. 黄河水权转换农业风险补偿主体确定分析 [J]. 世界农业，2011 (9)：78-82.

[19] 李晶，王俊杰，陈金木. 新疆水权改革经验与启示 [J]. 中国水利，2017 (13)：17-19.

[20] 李晶，王晓娟，陈金木. 湖南省加快水利改革试点的经验与启示 [J]. 水利发展研究，2016，16 (1)：8-12.

[21] 李晶，王晓娟，陈金木. 完善水权水市场建设法制保障探讨 [J]. 中国水利，2015 (5)：13－15，19.

[22] 李晶，王晓娟，王教河，等. 松辽流域初始水权分配原则研究 [J]. 中国水利，2005 (9)：7－9.

[23] 李晶. 我国水权交易实践与水市场培育 [N]. 中国水利报，2016－07－14 (005).

[24] 李晶. 中国水权之路：进展 研判 路径 [C] //中国水利学会 2013 学术年会特邀报告汇编. 中国水利学会，2013：11.

[25] 李晶. 最严格水资源管理制度与水权 [N]. 中国水利报，2013－01－10 (002).

[26] 李晶. 浅议市场在水资源微观配置中的决定性作用 [J]. 中国水利，2014 (1)：8－9，18.

[27] 李晶. 水量与水权关系的探讨 [J]. 中国水利，2006 (9)：33－34.

[28] 李晶. 水权改革怎么看？怎么办？[J]. 水利发展研究，2014，14 (7)：1－3.

[29] 李晶. 水权改革怎么看？怎么办？[J]. 新疆水利，2014 (6)：38－41.

[30] 李晶. 我国水权制度建设进展与研判 [J]. 水利发展研究，2014，14 (1)：32－37.

[31] 李兰. 我国水权交易监管法律制度研究 [D]. 杭州：浙江财经大学，2014.

[32] 李兴拼，汪贻飞，董延军，等. 水权制度建设实践中的取水权与用水权 [J]. 水利发展研究，2018，18 (4)：14－17.

[33] 李雪松. 中国水资源制度研究 [D]. 武汉：武汉大学，2005.

[34] 厉亚敏. 广东省碳排放权交易制度研究 [D]. 广州：华南农业大学，2016.

[35] 林凌，巨栋，刘世庆. 上下游水资源管理与水权探索——东江流域广东河源考察 [J]. 开放导报，2016 (1)：49－54.

[36] 林凌，刘世庆，巨栋，等. 中国水权改革和水权制度建设方向和任务 [J]. 开发研究，2016 (1)：1－6.

[37] 林夏婷. 农业用水权转让制度研究 [D]. 广州：广东财经大学，2016.

[38] 刘琦，李化. 湖泊保护立法后评估指标体系构建 [J]. 统计与决策，2016 (3)：57－59.

[39] 刘松山. 全国人大常委会开展立法后评估的几个问题 [J]. 政治与法律，2008 (10)：112－120.

[40] 刘添瑞，钟小强. 构建水权交易价格机制的探讨 [J]. 市场经济与价格，2014 (1)：19－22，18.

[41] 卢晓敏. 广东省东江流域水权交易问题研究 [D]. 广州：华南理工大学，2010.

[42] 马冬春，胡和平，陈铁. 政府对水权的管理职能及模式研究 [M]. 北京：中国水利水电出版社，2011.

[43] 齐克，詹同涛，梅梅，等. 用水总量控制指标分解细化技术要点分析 [J]. 治淮，2014 (12)：23－24.

[44] 史建三，吴天昊. 地方立法质量：现状、问题与对策——以上海人大地方立法为例 [J]. 法学，2009 (6)：94－103.

[45] 孙治仁. 东江水源区生态补偿机制研究 [D]. 广州：华南理工大学，2017.

[46] 覃强荣，郭元裕，沈佩君，等. 潮排潮灌系统优化规划模型研究 [J]. 水利学报，1997 (6)：78－84，40.

[47] 陶洁，左其亭，薛会露，等. 最严格水资源管理制度“三条红线”控制指标及确定

方法 [J]. 节水灌溉，2012 (4)：64 - 67.

[48] 田贵良，周慧. 我国水资源市场化配置环境下水权交易监管制度研究 [J]. 价格理论与实践，2016 (7)：57 - 60.

[49] 佟金萍，王慧敏，马剑锋. 新时期我国水权交易的时代特征及制度供给 [J]. 中国水利，2018 (19)：27 - 30.

[50] 汪全胜. 立法后评估研究 [M]. 北京：人民出版社，2012.

[51] 汪全胜. 论立法后评估主体的建构 [J]. 政法论坛，2010，28 (5)：42 - 49.

[52] 汪贻飞，王俊杰，陈金木. 深化水权改革亟待加强法规建设 [J]. 中国水利，2018 (19)：15 - 17.

[53] 王称心. 立法后评估标准的概念、维度及影响因素分析 [J]. 法学杂志，2012 (11)：90 - 96.

[54] 王俊杰，陈金木，王丽艳. 水权改革要注重区域性与阶段性探讨 [J]. 中国水利，2018 (19)：18 - 19.

[55] 王小军，高娟，童学卫，等. 关于强化用水总量控制管理的思考 [J]. 中国人口·资源与环境，2014，24 (S3)：221 - 225.

[56] 王晓娟，陈金木，郑国楠. 关于培育水权交易市场的思考和建议 [J]. 中国水利，2016 (1)：8 - 11.

[57] 王晓娟，李晶，等. 实行工业企业取水权有偿取得势在必行 [J]. 中国水利，2015 (5)：16 - 19.

[58] 王晓娟，李晶，陈金木，等. 健全水资源资产产权制度的思考 [J]. 水利经济，2016，34 (1)：19 - 22，27，83.

[59] 王晓娟，郑国楠，陈金木. 我国水权交易两级市场的培育与构建 [J]. 中国水利，2018 (19)：20 - 23.

[60] 王煜凯. 中国水银行的运行与风险管理研究 [D]. 武汉：武汉理工大学，2013.

[61] 吴强，陈金木，王晓娟，等. 我国水权试点经验总结与深化建议 [J]. 中国水利，2018 (19)：9 - 14，69.

[62] 吴素娟. 基于博弈理论和风险理论的水权交易研究 [D]. 杨凌：西北农林科技大学，2018.

[63] 吴一澜. 矿业权交易法律风险研究 [D]. 天津：天津师范大学，2012.

[64] 阳莹. 初探广东省水权交易 [J]. 产权导刊，2015 (3)：58 - 60.

[65] 杨得瑞，李晶，王晓娟，等. 水权确权的实践需求及主要类型分析 [J]. 中国水利，2015 (5)：5 - 8.

[66] 杨得瑞，李晶，王晓娟，等. 我国水权之路如何走 [J]. 水利发展研究，2014，14 (1)：10 - 17.

[67] 杨云松. 河南省用水总量控制指标分解方法研究 [J]. 科技创新导报，2017，14 (10)：188 - 190.

[68] 俞昊良，陈金木，李政. 国外水权水市场建设的经验借鉴 [J]. 中国水利，2018 (19)：24 - 26.

[69] 俞荣根. 不同类型地方性法规立法后评估指标体系研究 [J]. 现代法学，2013，35 (5)：171 - 184.

[70] 俞荣根. 地方立法后评估指标体系研究 [J]. 中国政法大学学报，2014 (1)：46 - 57.

[71] 袁曙宏. 立法后评估工作指南 [M]. 北京：中国法制出版社，2013.
[72] 张建斌. 黄河流域水权交易潜在风险规避路径研究 [J]. 财经理论研究，2016 (5)：25 - 37.
[73] 张瑞美，陈献，尤庆国，等. 健全水权转让制度的思考 [J]. 水利经济，2014，32 (2)：37 - 40，77.
[74] 赵璧奎，黄本胜，邱静，等. 基于生态补偿的用水户水权交易价格研究 [J]. 广东水利水电，2014 (7)：94 - 96.
[75] 钟杨. 重庆地票交易制度风险防控研究 [D]. 重庆：西南大学，2012.
[76] 朱一中，吴克昌. 广东省水资源可持续利用与管理研究 [J]. 华南理工大学学报（社会科学版），2006，8 (5)：39 - 43.

附录：内蒙古黄河流域水权交易制度资料汇编

一、中共中央、国务院《生态文明体制改革总体方案》相关内容

生态文明体制改革总体方案（节选）

（2015 年 9 月 21 日）

（六）建立权责明确的自然资源产权体系。制定权利清单，明确各类自然资源产权主体权利。处理好所有权与使用权的关系，创新自然资源全民所有权和集体所有权的实现形式，除生态功能重要的外，可推动所有权和使用权相分离，明确占有、使用、收益、处分等权利归属关系和权责，适度扩大使用权的出让、转让、出租、抵押、担保、入股等权能。明确国有农场、林场和牧场土地所有者与使用者权能。全面建立覆盖各类全民所有自然资源资产的有偿出让制度，严禁无偿或低价出让。统筹规划，加强自然资源资产交易平台建设。

（九）开展水流和湿地产权确权试点。探索建立水权制度，开展水域、岸线等水生态空间确权试点，遵循水生态系统性、整体性原则，分清水资源所有权、使用权及使用量。在甘肃、宁夏等地开展湿地产权确权试点。

（四十四）推行水权交易制度。结合水生态补偿机制的建立健全，合理界定和分配水权，探索地区间、流域间、流域上下游、行业间、用水户间等水权交易方式。研究制定水权交易管理办法，明确可交易水权的范围和类型、交易主体和期限、交易价格形成机制、交易平台运作规则等。开展水权交易平台建设。

二、党中央、国务院文件中关于水权制度建设的部署

1.《中共中央 国务院关于加快水利改革发展的决定》（中发〔2011〕1 号）：建立和完善国家水权制度，充分运用市场机制优化配置水资源。

2.《全国水资源综合规划（2010—2030 年）》：加强取水许可管理，探索取水权分配和有偿转让的机制与管理办法。

3.《国务院关于实行最严格水资源管理制度的意见》（国发〔2012〕3 号）：建立健全水权制度，积极培育水市场，鼓励开展水权交易，运用市场机

制合理配置水资源。

4.《国家农业节水纲要（2012—2020 年）》（国办发〔2012〕55 号）：有条件的地区要逐步建立节约水量交易机制，构建交易平台，保障农民在水权转让中的合法权益。

5.《坚定不移沿着中国特色社会主义道路前进 为全面建成小康社会而奋斗》（2012 年，党的十八大报告）：积极开展节能量、碳排放权、排污权、水权交易试点。

6.《中共中央关于全面深化改革若干重大问题的决定》（2013 年 11 月，党的十八届三中全会）：发展环保市场，推行节能量、碳排放权、排污权、水权交易制度，建立吸引社会资本投入生态环境保护的市场化机制。

7. 习近平总书记在听取水安全汇报时（2014 年 3 月 14 日）指出：要推动建立水权制度，明确水权归属，培育水权交易市场，但也要防止农业、生态和居民生活用水被挤占。

8.《国务院关于创新重点领域投融资机制鼓励社会投资的指导意见》（国发〔2014〕60 号）：通过水权制度改革吸引社会资本参与水资源开发利用和保护。加快建立水权制度，培育和规范水权交易市场，积极探索多种形式的水权交易流转方式，允许各地通过水权交易满足新增合理用水需求。鼓励社会资本通过参与节水供水重大水利工程投资建设等方式优先获得新增水资源使用权。

9.《中国共产党第十八届中央委员会第五次全体会议公报》（2015 年 10 月 29 日）：全面节约和高效利用资源，树立节约集约循环利用的资源观，建立健全用能权、用水权、排污权、碳排放权初始分配制度，推动形成勤俭节约的社会风尚。

三、国务院关于内蒙古水权制度建设的部署

《国务院关于进一步促进内蒙古经济社会又好又快发展的若干意见》（国发〔2011〕21 号）：建立健全节约用水和水资源保护机制，加快水权转换和交易制度建设，在内蒙古开展跨行政区域水权交易试点。

四、《中华人民共和国水法》相关条文

中华人民共和国水法（节选）

第三条 水资源属于国家所有。水资源的所有权由国务院代表国家行使。农村集体经济组织的水塘和由农村集体经济组织修建管理的水库中的水，归各该农村集体经济组织使用。

第七条 国家对水资源依法实行取水许可制度和有偿使用制度。但是，农

村集体经济组织及其成员使用本集体经济组织的水塘、水库中的水的除外。国务院水行政主管部门负责全国取水许可制度和水资源有偿使用制度的组织实施。

第十二条 国家对水资源实行流域管理与行政区域管理相结合的管理体制。

国务院水行政主管部门负责全国水资源的统一管理和监督工作。

国务院水行政主管部门在国家确定的重要江河、湖泊设立的流域管理机构（以下简称流域管理机构），在所管辖的范围内行使法律、行政法规规定的和国务院水行政主管部门授予的水资源管理和监督职责。

县级以上地方人民政府水行政主管部门按照规定的权限，负责本行政区域内水资源的统一管理和监督工作。

第四十六条 县级以上地方人民政府水行政主管部门或者流域管理机构应当根据批准的水量分配方案和年度预测来水量，制定年度水量分配方案和调度计划，实施水量统一调度；有关地方人民政府必须服从。

国家确定的重要江河、湖泊的年度水量分配方案，应当纳入国家的国民经济和社会发展年度计划。

第四十八条 直接从江河、湖泊或者地下取用水资源的单位和个人，应当按照国家取水许可制度和水资源有偿使用制度的规定，向水行政主管部门或者流域管理机构申请领取取水许可证，并缴纳水资源费，取得取水权。但是，家庭生活和零星散养、圈养畜禽饮用等少量取水的除外。

第五十二条 城市人民政府应当因地制宜采取有效措施，推广节水型生活用水器具，降低城市供水管网漏失率，提高生活用水效率；加强城市污水集中处理，鼓励使用再生水，提高污水再生利用率。

五、黄河水量调度条例

黄河水量调度条例

（2006 年 7 月 24 日中华人民共和国国务院令第 472 号发布）

第一章 总 则

第一条 为加强黄河水量的统一调度，实现黄河水资源的可持续利用，促进黄河流域及相关地区经济社会发展和生态环境的改善，根据《中华人民共和国水法》，制定本条例。

第二条 黄河流域的青海省、四川省、甘肃省、宁夏回族自治区、内蒙古自治区、陕西省、山西省、河南省、山东省，以及国务院批准取用黄河水的河北省、天津市（以下称十一省区市）的黄河水量调度和管理，适用本条例。

第三条 国家对黄河水量实行统一调度，遵循总量控制、断面流量控制、分级管理、分级负责的原则。

实施黄河水量调度，应当首先满足城乡居民生活用水的需要，合理安排农业、工业、生态环境用水，防止黄河断流。

第四条 黄河水量调度计划、调度方案和调度指令的执行，实行地方人民政府行政首长负责制和黄河水利委员会及其所属管理机构以及水库主管部门或者单位主要领导负责制。

第五条 国务院水行政主管部门和国务院发展改革主管部门负责组织、协调、监督、指导黄河水量调度工作。

黄河水利委员会依照本条例的规定负责黄河水量调度的组织实施和监督检查工作。

有关县级以上地方人民政府水行政主管部门和黄河水利委员会所属管理机构，依照本条例的规定负责所辖范围内黄河水量调度的实施和监督检查工作。

第六条 在黄河水量调度工作中做出显著成绩的单位和个人，由有关县级以上人民政府或者有关部门给予奖励。

第二章 水 量 分 配

第七条 黄河水量分配方案，由黄河水利委员会商十一省区市人民政府制订，经国务院发展改革主管部门和国务院水行政主管部门审查，报国务院批准。

国务院批准的黄河水量分配方案，是黄河水量调度的依据，有关地方人民政府和黄河水利委员会及其所属管理机构必须执行。

第八条 制订黄河水量分配方案，应当遵循下列原则：

（一）依据流域规划和水中长期供求规划；

（二）坚持计划用水、节约用水；

（三）充分考虑黄河流域水资源条件，取用水现状、供需情况及发展趋势，发挥黄河水资源的综合效益；

（四）统筹兼顾生活、生产、生态环境用水；

（五）正确处理上下游、左右岸的关系；

（六）科学确定河道输沙入海水量和可供水量。

前款所称可供水量，是指在黄河流域干、支流多年平均天然年径流量中，除必需的河道输沙入海水量外，可供城乡居民生活、农业、工业及河道外生态环境用水的最大水量。

第九条 黄河水量分配方案需要调整的，应当由黄河水利委员会商十一省区市人民政府提出方案，经国务院发展改革主管部门和国务院水行政主管部门

审查，报国务院批准。

第三章　水　量　调　度

第十条　黄河水量调度实行年度水量调度计划与月、旬水量调度方案和实时调度指令相结合的调度方式。

黄河水量调度年度为当年7月1日至次年6月30日。

第十一条　黄河干、支流的年度和月用水计划建议与水库运行计划建议，由十一省区市人民政府水行政主管部门和河南、山东黄河河务局以及水库管理单位，按照调度管理权限和规定的时间向黄河水利委员会申报。河南、山东黄河河务局申报黄河干流的用水计划建议时，应当商河南省、山东省人民政府水行政主管部门。

第十二条　年度水量调度计划由黄河水利委员会商十一省区市人民政府水行政主管部门和河南、山东黄河河务局以及水库管理单位制订，报国务院水行政主管部门批准并下达，同时抄送国务院发展改革主管部门。

经批准的年度水量调度计划，是确定月、旬水量调度方案和年度黄河干、支流用水量控制指标的依据。年度水量调度计划应当纳入本级国民经济和社会发展年度计划。

第十三条　年度水量调度计划，应当依据经批准的黄河水量分配方案和年度预测来水量、水库蓄水量，按照同比例丰增枯减、多年调节水库蓄丰补枯的原则，在综合平衡申报的年度用水计划建议和水库运行计划建议的基础上制订。

第十四条　黄河水利委员会应当根据经批准的年度水量调度计划和申报的月用水计划建议、水库运行计划建议，制订并下达月水量调度方案；用水高峰时，应当根据需要制订并下达旬水量调度方案。

第十五条　黄河水利委员会根据实时水情、雨情、旱情、墒情、水库蓄水量及用水情况，可以对已下达的月、旬水量调度方案作出调整，下达实时调度指令。

第十六条　青海省、四川省、甘肃省、宁夏回族自治区、内蒙古自治区、陕西省、山西省境内黄河干、支流的水量，分别由各省级人民政府水行政主管部门负责调度；河南省、山东省境内黄河干流的水量，分别由河南、山东黄河河务局负责调度，支流的水量，分别由河南省、山东省人民政府水行政主管部门负责调度；调入河北省、天津市的黄河水量，分别由河北省、天津市人民政府水行政主管部门负责调度。

市、县级人民政府水行政主管部门和黄河水利委员会所属管理机构，负责所辖范围内分配水量的调度。

实施黄河水量调度，必须遵守经批准的年度水量调度计划和下达的月、旬水量调度方案以及实时调度指令。

第十七条 龙羊峡、刘家峡、万家寨、三门峡、小浪底、西霞院、故县、东平湖等水库，由黄河水利委员会组织实施水量调度，下达月、旬水量调度方案及实时调度指令；必要时，黄河水利委员会可以对大峡、沙坡头、青铜峡、三盛公、陆浑等水库组织实施水量调度，下达实时调度指令。

水库主管部门或者单位具体负责实施所辖水库的水量调度，并按照水量调度指令做好发电计划的安排。

第十八条 黄河水量调度实行水文断面流量控制。黄河干流水文断面的流量控制指标，由黄河水利委员会规定；重要支流水文断面及其流量控制指标，由黄河水利委员会会同黄河流域有关省、自治区人民政府水行政主管部门规定。

青海省、甘肃省、宁夏回族自治区、内蒙古自治区、河南省、山东省人民政府，分别负责并确保循化、下河沿、石嘴山、头道拐、高村、利津水文断面的下泄流量符合规定的控制指标；陕西省和山西省人民政府共同负责并确保潼关水文断面的下泄流量符合规定的控制指标。

龙羊峡、刘家峡、万家寨、三门峡、小浪底水库的主管部门或者单位，分别负责并确保贵德、小川、万家寨、三门峡、小浪底水文断面的出库流量符合规定的控制指标。

第十九条 黄河干、支流省际或者重要控制断面和出库流量控制断面的下泄流量以国家设立的水文站监测数据为依据。对水文监测数据有争议的，以黄河水利委员会确认的水文监测数据为准。

第二十条 需要在年度水量调度计划外使用其他省、自治区、直辖市计划内水量分配指标的，应当向黄河水利委员会提出申请，由黄河水利委员会组织有关各方在协商一致的基础上提出方案，报国务院水行政主管部门批准后组织实施。

第四章 应 急 调 度

第二十一条 出现严重干旱、省际或者重要控制断面流量降至预警流量、水库运行故障、重大水污染事故等情况，可能造成供水危机、黄河断流时，黄河水利委员会应当组织实施应急调度。

第二十二条 黄河水利委员会应当商十一省区市人民政府以及水库主管部门或者单位，制订旱情紧急情况下的水量调度预案，经国务院水行政主管部门审查，报国务院或者国务院授权的部门批准。

第二十三条 十一省区市人民政府水行政主管部门和河南、山东黄河河务

局以及水库管理单位，应当根据经批准的旱情紧急情况下的水量调度预案，制订实施方案，并抄送黄河水利委员会。

第二十四条 出现旱情紧急情况时，经国务院水行政主管部门同意，由黄河水利委员会组织实施旱情紧急情况下的水量调度预案，并及时调整取水及水库出库流量控制指标；必要时，可以对黄河流域有关省、自治区主要取水口实行直接调度。

县级以上地方人民政府、水库管理单位应当按照旱情紧急情况下的水量调度预案及其实施方案，合理安排用水计划，确保省际或者重要控制断面和出库流量控制断面的下泄流量符合规定的控制指标。

第二十五条 出现旱情紧急情况时，十一省区市人民政府水行政主管部门和河南、山东黄河河务局以及水库管理单位，应当每日向黄河水利委员会报送取（退）水及水库蓄（泄）水情况。

第二十六条 出现省际或者重要控制断面流量降至预警流量、水库运行故障以及重大水污染事故等情况时，黄河水利委员会及其所属管理机构、有关省级人民政府及其水行政主管部门和环境保护主管部门以及水库管理单位，应当根据需要，按照规定的权限和职责，及时采取压减取水量直至关闭取水口、实施水库应急泄流方案、加强水文监测、对排污企业实行限产或者停产等处置措施，有关部门和单位必须服从。

省际或者重要控制断面的预警流量，由黄河水利委员会确定。

第二十七条 实施应急调度，需要动用水库死库容的，由黄河水利委员会商有关水库主管部门或者单位，制订动用水库死库容的水量调度方案，经国务院水行政主管部门审查，报国务院或者国务院授权的部门批准实施。

第五章 监 督 管 理

第二十八条 黄河水利委员会及其所属管理机构和县级以上地方人民政府水行政主管部门应当加强对所辖范围内水量调度执行情况的监督检查。

第二十九条 十一省区市人民政府水行政主管部门和河南、山东黄河河务局，应当按照国务院水行政主管部门规定的时间，向黄河水利委员会报送所辖范围内取（退）水量报表。

第三十条 黄河水量调度文书格式，由黄河水利委员会编制、公布，并报国务院水行政主管部门备案。

第三十一条 黄河水利委员会应当定期将黄河水量调度执行情况向十一省区市人民政府水行政主管部门以及水库主管部门或者单位通报，并及时向社会公告。

第三十二条 黄河水利委员会及其所属管理机构、县级以上地方人民政府水行政主管部门，应当在各自的职责范围内实施巡回监督检查，在用水高峰时对主要取（退）水口实施重点监督检查，在特殊情况下对有关河段、水库、主要取（退）水口进行驻守监督检查；发现重点污染物排放总量超过控制指标或者水体严重污染时，应当及时通报有关人民政府环境保护主管部门。

第三十三条 黄河水利委员会及其所属管理机构、县级以上地方人民政府水行政主管部门实施监督检查时，有权采取下列措施：

（一）要求被检查单位提供有关文件和资料，进行查阅或者复制；

（二）要求被检查单位就执行本条例的有关问题进行说明；

（三）进入被检查单位生产场所进行现场检查；

（四）对取（退）水量进行现场监测；

（五）责令被检查单位纠正违反本条例的行为。

第三十四条 监督检查人员在履行监督检查职责时，应当向被检查单位或者个人出示执法证件，被检查单位或者个人应当接受和配合监督检查工作，不得拒绝或者妨碍监督检查人员依法执行公务。

第六章 法 律 责 任

第三十五条 违反本条例规定，有下列行为之一的，对负有责任的主管人员和其他直接责任人员，由其上级主管部门、单位或者监察机关依法给予处分：

（一）不制订年度水量调度计划的；

（二）不及时下达月、旬水量调度方案的；

（三）不制订旱情紧急情况下的水量调度预案及其实施方案和动用水库死库容水量调度方案的。

第三十六条 违反本条例规定，有下列行为之一的，对负有责任的主管人员和其他直接责任人员，由其上级主管部门、单位或者监察机关依法给予处分；造成严重后果，构成犯罪的，依法追究刑事责任：

（一）不执行年度水量调度计划和下达的月、旬水量调度方案以及实时调度指令的；

（二）不执行旱情紧急情况下的水量调度预案及其实施方案、水量调度应急处置措施和动用水库死库容水量调度方案的；

（三）不履行监督检查职责或者发现违法行为不予查处的；

（四）其他滥用职权、玩忽职守等违法行为。

第三十七条 省际或者重要控制断面下泄流量不符合规定的控制指标的，由黄河水利委员会予以通报，责令限期改正；逾期不改正的，按照控制断面下

泄流量的缺水量，在下一调度时段加倍扣除；对控制断面下游水量调度产生严重影响或者造成其他严重后果的，本年度不再新增该省、自治区的取水工程项目。对负有责任的主管人员和其他直接责任人员，由其上级主管部门、单位或者监察机关依法给予处分。

第三十八条 水库出库流量控制断面的下泄流量不符合规定的控制指标，对控制断面下游水量调度产生严重影响的，对负有责任的主管人员和其他直接责任人员，由其上级主管部门、单位或者监察机关依法给予处分。

第三十九条 违反本条例规定，有关用水单位或者水库管理单位有下列行为之一的，由县级以上地方人民政府水行政主管部门或者黄河水利委员会及其所属管理机构按照管理权限，责令停止违法行为，给予警告，限期采取补救措施，并处2万元以上10万元以下罚款；对负有责任的主管人员和其他直接责任人员，由其上级主管部门、单位或者监察机关依法给予处分：

（一）虚假填报或者篡改上报的水文监测数据、取用水量数据或者水库运行情况等资料的；

（二）水库管理单位不执行水量调度方案和实时调度指令的；

（三）超计划取用水的。

第四十条 违反本条例规定，有下列行为之一的，由公安机关依法给予治安管理处罚；构成犯罪的，依法追究刑事责任：

（一）妨碍、阻挠监督检查人员或者取用水工程管理人员依法执行公务的；

（二）在水量调度中煽动群众闹事的。

第七章 附 则

第四十一条 黄河水量调度中，有关用水计划建议和水库运行计划建议申报时间，年度水量调度计划制订、下达时间，月、旬水量调度方案下达时间，取（退）水水量报表报送时间等，由国务院水行政主管部门规定。

第四十二条 在黄河水量调度中涉及水资源保护、防洪、防凌和水污染防治的，依照《中华人民共和国水法》、《中华人民共和国防洪法》和《中华人民共和国水污染防治法》的有关规定执行。

第四十三条 本条例自2006年8月1日起施行。

六、《取水许可和水资源费征收管理条例》相关条文

取水许可和水资源费征收管理条例（节选）

第二条 本条例所称取水，是指利用取水工程或者设施直接从江河、湖泊或者地下取用水资源。

取用水资源的单位和个人，除本条例第四条规定的情形外，都应当申请领取取水许可证，并缴纳水资源费。

本条例所称取水工程或者设施，是指闸、坝、渠道、人工河道、虹吸管、水泵、水井以及水电站等。

第三条 县级以上人民政府水行政主管部门按照分级管理权限，负责取水许可制度的组织实施和监督管理。

国务院水行政主管部门在国家确定的重要江河、湖泊设立的流域管理机构（以下简称流域管理机构），依照本条例规定和国务院水行政主管部门授权，负责所管辖范围内取水许可制度的组织实施和监督管理。

县级以上人民政府水行政主管部门、财政部门和价格主管部门依照本条例规定和管理权限，负责水资源费的征收、管理和监督。

第四条 下列情形不需要申请领取取水许可证：

（一）农村集体经济组织及其成员使用本集体经济组织的水塘、水库中的水的；

（二）家庭生活和零星散养、圈养畜禽饮用等少量取水的；

（三）为保障矿井等地下工程施工安全和生产安全必须进行临时应急取（排）水的；

（四）为消除对公共安全或者公共利益的危害临时应急取水的；

（五）为农业抗旱和维护生态与环境必须临时应急取水的。

前款第（二）项规定的少量取水的限额，由省、自治区、直辖市人民政府规定；第（三）项、第（四）项规定的取水，应当及时报县级以上地方人民政府水行政主管部门或者流域管理机构备案；第（五）项规定的取水，应当经县级以上人民政府水行政主管部门或者流域管理机构同意。

第十四条 取水许可实行分级审批。

下列取水由流域管理机构审批：

（一）长江、黄河、淮河、海河、滦河、珠江、松花江、辽河、金沙江、汉江的干流和太湖以及其他跨省、自治区、直辖市河流、湖泊的指定河段限额以上的取水；

（二）国际跨界河流的指定河段和国际边界河流限额以上的取水；

（三）省际边界河流、湖泊限额以上的取水；

（四）跨省、自治区、直辖市行政区域的取水；

（五）由国务院或者国务院投资主管部门审批、核准的大型建设项目的取水；

（六）流域管理机构直接管理的河道（河段）、湖泊内的取水。

前款所称的指定河段和限额以及流域管理机构直接管理的河道（河段）、

湖泊，由国务院水行政主管部门规定。

其他取水由县级以上地方人民政府水行政主管部门按照省、自治区、直辖市人民政府规定的审批权限审批。

第二十七条 依法获得取水权的单位或者个人，通过调整产品和产业结构、改革工艺、节水等措施节约水资源的，在取水许可的有效期和取水限额内，经原审批机关批准，可以依法有偿转让其节约的水资源，并到原审批机关办理取水权变更手续。具体办法由国务院水行政主管部门制定。

第三十五条 征收的水资源费应当按照国务院财政部门的规定分别解缴中央和地方国库。因筹集水利工程基金，国务院对水资源费的提取、解缴另有规定的，从其规定。

第三十六条 征收的水资源费应当全额纳入财政预算，由财政部门按照批准的部门财政预算统筹安排，主要用于水资源的节约、保护和管理，也可以用于水资源的合理开发。

第三十七条 任何单位和个人不得截留、侵占或者挪用水资源费。

审计机关应当加强对水资源费使用和管理的审计监督。

七、水权交易管理暂行办法

水利部关于印发《水权交易管理暂行办法》的通知

水政法〔2016〕156号

部机关各司局，部直属各单位，各省、自治区、直辖市水利（水务）厅（局），各计划单列市水利（水务）局，新疆生产建设兵团水利局：

为贯彻落实党中央、国务院关于完善水权制度、推行水权交易、培育水权交易市场的决策部署，指导水权交易实践，我部制定了《水权交易管理暂行办法》，现予印发，请结合本地区、本单位实际遵照执行。

水利部

2016年4月19日

水权交易管理暂行办法

第一章　总　　则

第一条 为贯彻落实党中央、国务院关于建立完善水权制度、推行水权交易、培育水权交易市场的决策部署，鼓励开展多种形式的水权交易，促进水资源的节约、保护和优化配置，根据有关法律法规和政策文件，制定本办法。

第二条 水权包括水资源的所有权和使用权。本办法所称水权交易，是指在合理界定和分配水资源使用权基础上，通过市场机制实现水资源使用权在地区间、流域间、流域上下游、行业间、用水户间流转的行为。

第三条 按照确权类型、交易主体和范围划分，水权交易主要包括以下形式：

（一）区域水权交易：以县级以上地方人民政府或者其授权的部门、单位为主体，以用水总量控制指标和江河水量分配指标范围内结余水量为标的，在位于同一流域或者位于不同流域但具备调水条件的行政区域之间开展的水权交易。

（二）取水权交易：获得取水权的单位或者个人（包括除城镇公共供水企业外的工业、农业、服务业取水权人），通过调整产品和产业结构、改革工艺、节水等措施节约水资源的，在取水许可有效期和取水限额内向符合条件的其他单位或者个人有偿转让相应取水权的水权交易。

（三）灌溉用水户水权交易：已明确用水权益的灌溉用水户或者用水组织之间的水权交易。

通过交易转让水权的一方称转让方，取得水权的一方称受让方。

第四条 国务院水行政主管部门负责全国水权交易的监督管理，其所属流域管理机构依照法律法规和国务院水行政主管部门授权，负责所管辖范围内水权交易的监督管理。

县级以上地方人民政府水行政主管部门负责本行政区域内水权交易的监督管理。

第五条 水权交易应当坚持积极稳妥、因地制宜、公正有序，实行政府调控与市场调节相结合，符合最严格水资源管理制度要求，有利于水资源高效利用与节约保护，不得影响公共利益或者利害关系人合法权益。

第六条 开展水权交易，用以交易的水权应当已经通过水量分配方案、取水许可、县级以上地方人民政府或者其授权的水行政主管部门确认，并具备相应的工程条件和计量监测能力。

第七条 水权交易一般应当通过水权交易平台进行，也可以在转让方与受让方之间直接进行。区域水权交易或者交易量较大的取水权交易，应当通过水权交易平台进行。

本办法所称水权交易平台，是指依法设立，为水权交易各方提供相关交易服务的场所或者机构。

第二章 区域水权交易

第八条 区域水权交易在县级以上地方人民政府或者其授权的部门、单位

之间进行。

第九条 开展区域水权交易，应当通过水权交易平台公告其转让、受让意向，寻求确定交易对象，明确可交易水量、交易期限、交易价格等事项。

第十条 交易各方一般应当以水权交易平台或者其他具备相应能力的机构评估价为基准价格，进行协商定价或者竞价；也可以直接协商定价。

第十一条 转让方与受让方达成协议后，应当将协议报共同的上一级地方人民政府水行政主管部门备案；跨省交易但属同一流域管理机构管辖范围的，报该流域管理机构备案；不属同一流域管理机构管辖范围的，报国务院水行政主管部门备案。

第十二条 在交易期限内，区域水权交易转让方转让水量占用本行政区域用水总量控制指标和江河水量分配指标，受让方实收水量不占用本行政区域用水总量控制指标和江河水量分配指标。

第三章 取水权交易

第十三条 取水权交易在取水权人之间进行，或者在取水权人与符合申请领取取水许可证条件的单位或者个人之间进行。

第十四条 取水权交易转让方应当向其原取水审批机关提出申请。申请材料应当包括取水许可证副本、交易水量、交易期限、转让方采取措施节约水资源情况、已有和拟建计量监测设施、对公共利益和利害关系人合法权益的影响及其补偿措施。

第十五条 原取水审批机关应当及时对转让方提出的转让申请报告进行审查，组织对转让方节水措施的真实性和有效性进行现场检查，在20个工作日内决定是否批准，并书面告知申请人。

第十六条 转让申请经原取水审批机关批准后，转让方可以与受让方通过水权交易平台或者直接签订取水权交易协议，交易量较大的应当通过水权交易平台签订协议。协议内容应当包括交易量、交易期限、受让方取水地点和取水用途、交易价格、违约责任、争议解决办法等。

交易价格根据补偿节约水资源成本、合理收益的原则，综合考虑节水投资、计量监测设施费用等因素确定。

第十七条 交易完成后，转让方和受让方依法办理取水许可证或者取水许可变更手续。

第十八条 转让方与受让方约定的交易期限超出取水许可证有效期的，审批受让方取水申请的取水审批机关应当会同原取水审批机关予以核定，并在批准文件中载明。在核定的交易期限内，对受让方取水许可证优先予以延续，但受让方未依法提出延续申请的除外。

第十九条 县级以上地方人民政府或者其授权的部门、单位，可以通过政府投资节水形式回购取水权，也可以回购取水单位和个人投资节约的取水权。回购的取水权，应当优先保证生活用水和生态用水；尚有余量的，可以通过市场竞争方式进行配置。

第四章 灌溉用水户水权交易

第二十条 灌溉用水户水权交易在灌区内部用水户或者用水组织之间进行。

第二十一条 县级以上地方人民政府或者其授权的水行政主管部门通过水权证等形式将用水权益明确到灌溉用水户或者用水组织之后，可以开展交易。

第二十二条 灌溉用水户水权交易期限不超过一年的，不需审批，由转让方与受让方平等协商，自主开展；交易期限超过一年的，事前报灌区管理单位或者县级以上地方人民政府水行政主管部门备案。

第二十三条 灌区管理单位应当为开展灌溉用水户水权交易创造条件，并将依法确定的用水权益及其变动情况予以公布。

第二十四条 县级以上地方人民政府或其授权的水行政主管部门、灌区管理单位可以回购灌溉用水户或者用水组织水权，回购的水权可以用于灌区水权的重新配置，也可以用于水权交易。

第五章 监督检查

第二十五条 交易各方应当建设计量监测设施，完善计量监测措施，将水权交易实施后水资源水环境变化情况及时报送有关地方人民政府水行政主管部门。

省级人民政府水行政主管部门应当于每年 1 月 31 日前向国务院水行政主管部门和有关流域管理机构报送本行政区域上一年度水权交易情况。

流域管理机构应当于每年 1 月 31 日前向国务院水行政主管部门报送其批准的上一年度水权交易情况，并同时抄送有关省级人民政府水行政主管部门。

第二十六条 县级以上地方人民政府水行政主管部门或者流域管理机构应当加强对水权交易实施情况的跟踪检查，完善计量监测设施，适时组织水权交易后评估工作。

第二十七条 县级以上地方人民政府水行政主管部门、流域管理机构或者其他有关部门及其工作人员在水权交易监管工作中滥用职权、玩忽职守、徇私舞弊的，由其上级行政机关或者监察机关责令改正；情节严重的，依法追究责任。

第二十八条 取水审批机关违反本办法规定批准取水权交易的；转让方或者受让方违反本办法规定，隐瞒有关情况或者提供虚假材料骗取取水权交易批准文件的；未经原取水审批机关批准擅自转让取水权的，依照《取水许可和水资源费征收管理条例》有关规定处理。

第二十九条 水权交易平台应当依照有关法律法规完善交易规则，加强内部管理。水权交易平台违法违规运营的，依据有关法律法规和交易场所管理办法处罚。

第六章 附 则

第三十条 各省、自治区、直辖市可以根据本办法和本行政区域实际情况制定具体实施办法。

第三十一条 本办法由国务院水行政主管部门负责解释。

第三十二条 本办法自印发之日起施行。

八、水利部关于内蒙古宁夏黄河干流水权转换试点工作的指导意见

水利部关于内蒙古宁夏黄河干流水权转换试点工作的指导意见

水资源〔2004〕159号

黄河水利委员会，内蒙古自治区水利厅、宁夏回族自治区水利厅：

内蒙古自治区和宁夏回族自治区沿黄地区水资源短缺，现状用水结构不适应经济和社会发展要求，工业用水仅占总用水量的3%左右，远低于全国20%的平均水平；农业用水比例高达95%以上，灌区工程老化失修，用水效率低下，农业灌溉节水潜力较大。

按照党的十六大提出的实现全面建设小康社会的目标，今后10年内蒙古自治区和宁夏回族自治区经济将会快速增长，城市化率也将有较大提高，沿黄地区工业和城镇用水量将有较大幅度增加。根据水资源供需平衡分析，2010年，该区域工业用水量的需求将占总用水量的10%左右，未来工业和城市用水的不断增加将主要通过全面建设节水型社会和远期的南水北调来解决。近期在水资源总量难以增加的情况下，解决该地区火电等优势产业的发展和急迫的城市用水问题，必须从当地实际出发，通过合理调整用水结构、大力推行灌区节水，在确保居民生活、粮食安全和基本生态用水的前提下，改变现有水资源利用格局，引导水资源向高效益、高效率方向转移，实现以节水、高效为目标的优化配置，以水资源的可持续利用支持经济社会的可持续发展。

按照治水新思路，应用水权、水市场理论，黄河水利委员会、内蒙古自治区和宁夏回族自治区水行政主管部门于2003年开展了水权转换试点工作，探索出一条解决干旱地区经济社会发展用水的新途径。在实地调查和充分研究的基础上，我部组织完成了内蒙古、宁夏黄灌区近期水资源供需形势及水权转换

水量初步分析等工作。为了进一步引导、规范和推进水权转换工作，提出以下意见：

一、指导思想和基本原则

1. 指导思想

按照国家新的治水方略，坚持科学发展观，以水权、水市场理论为指导，以流域和区域水资源总体规划为基础，以实现水资源合理配置、高效利用和有效保护、建设节水型社会为目标，以节约用水和调整用水结构为手段；通过政府调控，市场引导，平等协商，兼顾效率与公平，统筹水权转换工作；农业节水支持工业和城市发展，工业发展积累资金又转而支持农业，促进经济社会协调发展。

2. 基本原则

（1）总量控制原则。开展水权转换工作应遵循1987年国务院批准的黄河可供水量分配方案，服从黄河水资源统一调度。

（2）以明晰初始水权为前提的原则。应在建立和完善水资源宏观控制和微观定额两套指标体系的基础上，明晰初始水权，作为水权转换工作的前提条件；依照取水许可管理权限，逐步建立水权转换审查制度，分级负责组织实施。

（3）水资源供需平衡原则。水权转换工作应依据全面建设小康社会的目标以及国家和地区的国民经济和社会发展规划，做好水资源供需平衡预测，统筹配置地表水和地下水以及其他水源，统筹协调生活、生产和生态用水，实现区域水资源在现状水平年和转换期限内的供需平衡。

（4）政府监管原则。应建立和规范水权转换秩序，加强政府监管，鼓励社会的广泛参与和监督，防止造成市场垄断；切实保障农民及第三方合法权益，保护生态环境。水权转换必须符合国家产业政策，严格限制水资源向低水平重复建设项目转移。

（5）市场调节原则。逐步建立和完善公开、公平、公正、有序的水权转换市场，通过有偿转换制度，充分发挥市场机制在资源配置中的作用，鼓励水资源向低耗水、低污染、高效益、高效率行业转移。

二、水权转换的界定、范围和条件

1. 本意见所称水权是指取水权，所称水权转换是指取水权的转换。

直接从江河、湖泊或者地下取用水资源的单位和个人，应当按照国家取水许可制度和水资源有偿使用制度的规定，向水行政主管部门或者流域管理机构申请领取取水许可证，并缴纳水资源费，取得取水权。

2. 内蒙古自治区、宁夏回族自治区水权转换试点范围近期暂限于黄河干流取水权转换（区域间的水权转换可参照本指导意见执行）。

3. 水权转换出让方必须是已经依法取得取水权，并拥有节余水量（近期主要指工程节水量，暂不考虑非工程措施节水量）的取水权益人。

4. 水权转换不得违背现行法律法规和有关政策的规定。

三、水权转换的期限与价格

1. 水权转换期限

水权转换的期限要与国家和自治区的国民经济和社会发展规划相适应；综合考虑节水工程设施的使用年限和受水工程设施的运行年限，兼顾供求双方的利益，合理确定水权转换期限。

水权转换期满，受让方需要继续取水的，应重新办理转换手续；受让方不再取水的，水权返还出让方，并由出让方办理相应的取水许可手续。

水权转换期内，受让方不得擅自改变所取得水量的用途。

2. 水权转换价格

本意见所指水权转换价格为：水权转换总费用/（水权转换期限×年转换水量）。

水权转换总费用包括水权转换成本和合理收益。

水权转换总费用要综合考虑保障持续获得水权的工程建设成本与运行成本以及必要的经济补偿与生态补偿，并结合当地水资源供给状况、水权转换期限等因素，合理确定。

涉及节水改造工程的水权转换，其转换总费用应涵盖：(1) 节水工程建设费用，包括灌溉渠系的防渗砌护工程、配套建筑物、末级渠系节水工程、量水设施、设备等新增费用；(2) 节水工程的运行维护费，是指上述新增工程的岁修及日常维护费用；(3) 节水工程的更新改造费用，是指当节水工程的设计使用期限短于水权转换期限时所必须增加的费用；(4) 因不同用水保证率而带来的风险补偿；(5) 必要的经济利益补偿和生态补偿等。

四、水权转换的程序

水权转换依照下列程序进行：

1. 水权转换双方向自治区水行政主管部门提出书面申请，并提交出让方的取水许可证复印件、水权转换双方签订的意向性协议、《水权转换可行性研究报告》和《建设项目水资源论证报告书》等有关材料。其中，由黄河水利委员会审批取水许可的，自治区水行政主管部门受理水权转换申请后，提出初审意见并报送黄河水利委员会。

黄河水利委员会和自治区水行政主管部门应按照有关规定全面审查，并向社会公示，符合转换条件的，予以批复。

经审查批复后，水权转换双方应正式签订《水权转换协议书》，制定《水权转换实施方案》，报黄河水利委员会和自治区水行政主管部门备案，并办理取水许可相关手续。

2. 水权转换涉及节水改造工程的，应严格按照国家基本建设程序的要求进行节水改造工程建设和管理。

节水改造工程竣工后，由黄河水利委员会会同自治区水行政主管部门等有关部门，根据施工、监理单位出具的工程竣工验收申请报告和监理报告，对节水改造工程进行现场验收，并核定是否满足节水目标要求。

验收合格后，水权转换双方方可到自治区水行政主管部门或黄河水利委员会办理取水许可申请相关手续。

3. 水权转换出让方取水许可变更，受让方领到取水许可证后，水权转换生效。

五、组织实施与监督管理

黄河水利委员会、内蒙古自治区和宁夏回族自治区水行政主管部门要高度重视水权转换工作，加强领导，明确责任，及时总结水权转换工作的经验，正确引导水权转换工作，做好组织实施和监督管理，并逐步建立公众参与的机制。

黄河水利委员会要加强黄河取水总量控制，加强对内蒙古自治区和宁夏回族自治区水权转换工作的指导，严格审查《自治区水权转换总体规划》并监督实施；按照管理权限和程序，积极稳妥地推进水权转换工作。

内蒙古自治区和宁夏回族自治区要尽快明晰初始水权，编制《自治区水权转换总体规划》，并报黄河水利委员会审查；要加强项目审批和资金管理，确保水权转换资金的专款专用，并切实保障水权转换所涉及的农民利益；要成立水权转换工作领导小组和办事机构，负责当地水权转换工作的协调、管理，并及时协调处理在转换期内发生的涉及水权转换双方利益的问题。

黄河水利委员会、内蒙古自治区和宁夏回族自治区水行政主管部门可根据本指导意见，结合实际情况，制定水权转换实施办法和细则。

二〇〇四年五月十八日

九、水利部关于水权转让的若干意见

水利部关于水权转让的若干意见

水政法〔2005〕11号

各流域机构，各省、自治区、直辖市水利（水务）厅（局），各计划单列市水利（水务）局，新疆生产建设兵团水利局：

健全水权转让（指水资源使用权转让，下同）的政策法规，促进水资源的

高效利用和优化配置是落实科学发展观，实现水资源可持续利用的重要环节。在中央水利工作方针和新时期治水思路的指导下，近几年来，一些地区陆续开展了水权转让的实践，推动了水资源使用权的合理流转，促进了水资源的优化配置、高效利用、节约和保护。为进一步推进水权制度建设，规范水权转让行为，现对水权转让提出如下意见。

一、积极推进水权转让

1. 水是基础性的自然资源和战略性的经济资源，是人类生存的生命线，也是经济社会可持续发展的重要物质基础。水旱灾害频发、水土流失严重、水污染加剧、水资源短缺已成为制约我国经济社会发展的重要因素。解决我国水资源短缺的矛盾，最根本的办法是建立节水防污型社会，实现水资源优化配置，提高水资源的利用效率和效益。

2. 充分发挥市场机制对资源配置的基础性作用，促进水资源的合理配置。各地要大胆探索，勇于创新，积极开展水权转让实践，为建立完善的水权制度创造更多的经验。

二、水权转让的基本原则

3. 水资源可持续利用的原则。水权转让既要尊重水的自然属性和客观规律，又要尊重水的商品属性和价值规律，适应经济社会发展对水的需求，统筹兼顾生活、生产、生态用水，以流域为单元，全面协调地表水、地下水、上下游、左右岸、干支流、水量与水质、开发利用和节约保护的关系，充分发挥水资源的综合功能，实现水资源的可持续利用。

4. 政府调控和市场机制相结合的原则。水资源属国家所有，水资源所有权由国务院代表国家行使，国家对水资源实行统一管理和宏观调控，各级政府及其水行政主管部门依法对水资源实行管理。充分发挥市场在水资源配置中的作用，建立政府调控和市场调节相结合的水资源配置机制。

5. 公平和效率相结合的原则。在确保粮食安全、稳定农业发展的前提下，为适应国家经济布局和产业结构调整的要求，推动水资源向低污染、高效率产业转移。水权转让必须首先满足城乡居民生活用水，充分考虑生态系统的基本用水，水权由农业向其他行业转让必须保障农业用水的基本要求。水权转让要有利于建立节水防污型社会，防止片面追求经济利益。

6. 产权明晰的原则。水权转让以明晰水资源使用权为前提，所转让的水权必须依法取得。水权转让是权利和义务的转移，受让方在取得权利的同时，必须承担相应义务。

7. 公平、公正、公开的原则。要尊重水权转让双方的意愿，以自愿为前提进行民主协商，充分考虑各方利益，并及时向社会公开水权转让的相关事项。

8. 有偿转让和合理补偿的原则。水权转让双方主体平等，应遵循市场交易的基本准则，合理确定双方的经济利益。因转让对第三方造成损失或影响的必须给予合理的经济补偿。

三、水权转让的限制范围

9. 取用水总量超过本流域或本行政区域水资源可利用量的，除国家有特殊规定的，不得向本流域或本行政区域以外的用水户转让。

10. 在地下水限采区的地下水取水户不得将水权转让。

11. 为生态环境分配的水权不得转让。

12. 对公共利益、生态环境或第三者利益可能造成重大影响的不得转让。

13. 不得向国家限制发展的产业用水户转让。

四、水权转让的转让费

14. 运用市场机制，合理确定水权转让费是进行水权转让的基础。水权转让费应在水行政主管部门或流域管理机构引导下，各方平等协商确定。

15. 水权转让费是指所转让水权的价格和相关补偿。水权转让费的确定应考虑相关工程的建设、更新改造和运行维护，提高供水保障率的成本补偿，生态环境和第三方利益的补偿，转让年限，供水工程水价以及相关费用等多种因素，其最低限额不低于对占用的等量水源和相关工程设施进行等效替代的费用。水权转让费由受让方承担。

五、水权转让的年限

16. 水行政主管部门或流域管理机构要根据水资源管理和配置的要求，综合考虑与水权转让相关的水工程使用年限和需水项目的使用年限，兼顾供求双方利益，对水权转让的年限提出要求，并依据取水许可管理的有关规定，进行审查复核。

六、水权转让的监督管理

17. 水行政主管部门或流域管理机构应对水权转让进行引导、服务、管理和监督，积极向社会提供信息，组织进行可行性研究和相关论证，对转让双方达成的协议及时向社会公示。对涉及公共利益、生态环境或第三方利益的，水行政主管部门或流域管理机构应当向社会公告并举行听证。对有多个受让申请的转让，水行政主管部门或流域管理机构可组织招标、拍卖等形式。

18. 灌区的基层组织、农民用水户协会和农民用水户间的水交易，在征得上一级管理组织同意后，可简化程序实施。

七、积极探索，逐步完善水权转让制度

19. 各级水行政主管部门和流域管理机构要认真研究当地经济社会发展要求和水资源开发利用状况，制订水资源规划，确定水资源承载能力和水环境承载能力，按照总量控制和定额管理的要求，加强取水许可管理，切实推进水资

源优化配置、高效利用。

20. 鼓励探索，积极稳妥地推进水权转让。水权转让涉及法律、经济、社会、环境、水利等多学科领域，各地应积极组织多学科攻关，解决理论问题。要积极开展试点工作，认真总结水权转让的经验，加快建立完善的水权转让制度。

21. 健全水权转让的政策法规，加强对水权转让的引导、服务和监督管理，注意协调好各方面的利益关系，尤其注重保护好公共利益和涉及水权转让的第三方利益，注重保护好水生态和水环境，推动水权制度建设健康有序地发展。

二〇〇五年一月十一日

十、水利部关于开展水权试点工作的通知

水利部关于开展水权试点工作的通知（节选）

水资源〔2014〕222号

内蒙古自治区水利厅、江西省水利厅、河南省水利厅、湖北省水利厅、广东省水利厅、甘肃省水利厅、宁夏回族自治区水利厅：

为贯彻党的十八大和十八届三中全会和习近平总书记重要讲话精神，按照《水利部关于深化水利改革的指导意见》（水规计〔2014〕48号，以下简称《指导意见》），积极稳妥地推进水权制度建设，经研究，我部决定开展水权试点工作。现将有关事项通知如下：

一、总体要求

贯彻党的十八大和十八届三中全会精神和习近平总书记关于“节水优先、空间均衡、系统治理、两手发力”的治水思路，坚持社会主义市场经济改革方向，正确发挥市场作用和政府作用，通过开发不同类型的试点，在水资源使用权确权登记、水权交易流转和相关制度建设方面率先取得突破，为全国层面推进水权制度建设提供经验借鉴和示范。

二、试点任务

水权试点重点围绕以下三项内容开展工作：

（一）开展水资源使用权确权登记

探索水资源使用权确权的主体、对象、条件、程序等方式方法。完善取水许可制度，对已经发证的取水许可进行规范，确认取用水户的水资源使用权；对农村集体经济组织的水塘和修建管理的水库中的水资源使用权进行确权登记；将水资源使用、收益的权利落实到取用水户。

（二）开展水权交易流转

因地制宜探索地区间、流域间、流域上下游、行业间、用水户间等多种形式的水权交易流转方式；积极培育水市场，建立健全水权交易平台。

（三）开展水权制度建设

出台水资源使用权确权登记、水权交易流转等方面的制度办法，明确确权登记的方式方法、规则和流程，建立水权交易流转的价格形成机制、交易程序、交易规则，明确确权登记与交易流转的监管主体、对象与监管内容等，保障水权工作健康有序运行。

三、试点时间、范围及重点内容

试点时间按2～3年安排。

综合考虑水权试点的代表性、地方积极性、工作基础等，试点范围及各试点的工作重点如下：

……

4. 内蒙古自治区：重点开展跨盟市水权交易。开展巴彦淖尔与鄂尔多斯等盟市之间的跨盟市水权交易；建立健全水权交易平台，对已经成立的内蒙古自治区水权收储交易中心，通过试点进一步探索交易平台的运作机制和方式；探索建立水权交易的规则、定价、第三方影响评价等机制。

十一、《内蒙古自治区水权试点方案》批复文件

水利部 内蒙古自治区人民政府关于内蒙古自治区水权试点方面的批复

水资源〔2014〕439号

内蒙古自治区水权试点方案（节选）

（三）开展水权交易制度建设

1. 推动出台内蒙古自治区水权转让管理办法，明确水权转让的主体、条件、程序、价格、期限、第三方影响评价与补偿、风险防控、监督管理和法律责任等。

2. 出台自治区闲置取用水指标处置实施办法、水权收储转让项目资金管理办法、试点地区水权转让项目田间工程建设管理办法等政策文件，明确闲置取用水指标的认定和处置，规范水权收储转让项目资金的管理和使用，规范水权转让节水工程建设和管理，为水权收储转让提供制度保障。

3. 建立健全自治区水权收储转让中心运作规则，规范交易申请和受理、交易主体合规性审查、交易协商与签约、转让资金和交易手续费结算、争议调解等，完善水权交易定价机制。

4. 探索建立影响评价与利益补偿机制。研究跨盟市水权转让对灌区管理

单位、农民、水生态环境等的影响，开展地下水水位、水质监测，探索建立影响评价机制及补偿办法，研究建立水权交易风险补偿基金。

十二、内蒙古自治区党委、自治区人民政府关于加快推进生态文明建设的实施意见

内蒙古自治区党委 自治区人民政府关于加快推进生态文明建设的实施意见（节选）

内党发〔2015〕16号

（五）推行用能权、用水权、排污权、碳排放权、林权交易制度。

……制定《水权交易管理办法》，推动地区间、行业间、用水户间的水权交易，稳步推进黄河干流水权转让试点。

十三、黄河水权转让管理实施办法

黄河水权转让管理实施办法

（2009年9月27日）

第一章　总　　则

第一条　为优化配置、高效利用黄河水资源，规范黄河水权转让行为，推进节水型社会建设，根据《中华人民共和国水法》、《取水许可和水资源费征收管理条例》、《黄河水量调度条例》和水利部《关于内蒙古宁夏黄河干流水权转换试点工作的指导意见》等规定，结合黄河水资源管理与调度的实际，修订本办法。

第二条　本办法所称水权转让是指黄河取水权的转让。

第三条　出现下列情形之一的，应进行水权转让：

（一）引黄耗水量连续两年超过年度水量调度分配指标，且超出幅度在5%以内的省（区），需新增项目用水的；

（二）与黄河可供水量分配方案相比，取水许可无余留水量指标的省（区），需新增项目用水的；

（三）与省（区）人民政府批准的黄河取水许可总量控制指标细化方案相比，市（地、盟）无余留水量指标的行政区域，需新增项目用水的。

第四条　实施水权转让的省（区）应编制黄河水权转让总体规划。

第五条　水权出让方必须是依法获得黄河取水权并在一定期限内通过工程节水措施或改变用水工艺拥有节余水量的取水人，取水工程管理单位和用水管理单位不一致的，以用水管理单位为主作为水权出让方。

第六条 水权受让方拟建的项目应充分考虑当地水资源条件，符合国家法律法规和相关产业政策，采用先进的节水措施和用水工艺。

第七条 黄河水权转让应遵循以下原则：

（一）总量控制原则。黄河水权转让必须在国务院批准的黄河可供水量分配方案确定的耗水量指标内进行；

（二）水权明晰原则。实施水权转让的省（区）应制定黄河取水许可总量控制指标细化方案，将黄河耗水量指标分配到各市（地、盟）及黄河干支流，经黄委审核同意后，由省（区）人民政府批准；

需要调整省（区）黄河取水许可总量控制指标细化方案，应经原程序审核批准；

（三）统一调度原则。实施黄河水权转让的省（区）必须严格执行黄河水量调度指令，确保省（区）际断面下泄流量和水量符合水量调度要求。水权转让双方应严格按照批准的年度计划取水；

（四）可持续利用原则。黄河水权转让应有利于黄河水资源的合理配置、高效利用、有效保护和节水型社会的建设；

（五）政府监管和市场调节相结合的原则。黄委和地方各级人民政府水行政主管部门应按照公开、公平、公正的原则，加强黄河水权转让的监督管理，切实保障水权转让所涉及的第三方的合法权益，保护生态环境，发挥市场机制在资源配置中的作用，实行水权有偿转让，引导黄河水资源向低耗水、低污染、高效益、高效率行业转移。

第二章 水权转让审批权限与程序

第八条 水权转让项目双方或有一方取水属于黄委取水许可管理权限的，由所在省（区）水利厅初审后报黄委审批；

其他水权转让项目由所在省（区）水利厅审批，审查批复意见应在三十日内报黄委备案。

第九条 省（区）黄河水权转让总体规划，由省（区）水利厅编制，报黄委审批后实施。

第十条 纳入总体规划中的水权转让项目，考虑轻重缓急，分期分批安排。

水权转让总体规划实施期较长或国家产业政策有变化时，经原程序审批可对总体规划作适当调整。

第十一条 黄河水权转让双方需联合向所在省（区）水利厅提出水权转让申请，并附具下列材料：

（一）水权出让方的取水许可证复印件；

（二）水权转让双方签订的意向性水权转让协议；

（三）受让方建设项目水资源论证报告书；

（四）水权转让可行性研究报告；

（五）水权出让方当地人民政府的承诺意见；

（六）其它与水权转让有关的文件或资料。

第十二条 由黄委审查批复的水权转让项目，省（区）水利厅在收到水权转让申请后，应在二十个工作日内提出初审意见，并连同全部申请材料一并报送黄委。

第十三条 黄委应对水权转让材料进行全面审核，对符合条件的五日内予以受理，出现下列情形之一的，不予受理：

（一）水权转让不符合所在省（区）水权转让总体规划的；

（二）受让方建设项目不符合国家产业政策的；

（三）提交材料存在虚假情况的；

（四）申请材料不齐全。

第十四条 黄委自接到省（区）水利厅报送的水权转让申请及书面初审意见和有关材料之日起四十五个工作日内完成审查，并出具书面审查意见，对符合条件的予以批复。

技术报告修改和现场勘察所需时间不计算在审查批复时限之内。

第十五条 建设项目水资源论证报告书的审查，按照水利部、国家发改委《建设项目水资源论证管理办法》和水利部《建设项目水资源论证报告书审查工作管理规定（试行）》执行。

黄河水权转让可行性研究报告按照水权转让的审查批复权限由黄委或省（区）水利厅组织审查。

建设项目水资源论证报告书和黄河水权转让可行性研究报告的审查意见是水权转让项目审查批复和办理取水许可申请的技术依据。

第十六条 水权转让申请经批准后，省（区）水利厅应组织水权转让双方正式签订水权转让协议，并制定水权转让实施方案。水权转让协议和水权转让实施方案应报黄委备案。

水权转让协议应包括出让方和受让方名称、转让水量、期限、费用及支付方式、双方的权利与义务、违约责任、双方法人代表或主要负责人签名、双方签章及其他需要说明的事项。

第三章 水权转让技术文件的编制

第十七条 省（区）黄河水权转让总体规划应包括下列内容：

（一）本省（区）引黄用水现状及用水合理性分析；

（二）规划期主要行业用水定额及供需分析；

（三）本省（区）引黄用水节水潜力及可转让水量分析，可转让的水量应控制在本省（区）引黄用水节水潜力范围之内；

（四）按照黄河可供水量分配方案，现状引黄耗水量超过国务院分配指标的，应提出本省（区）通过节水措施可节约水量及可转让水量指标；

（五）经批准的黄河取水许可总量控制指标细化方案；

（六）提出节约水量及可转让水量的地区分布、受让水权建设项目的总体布局及分阶段实施意见；

（七）水权转让的组织实施与监督管理。

第十八条 农业节水转让要采用输水渠道节水与田间节水相结合，常规方式节水与高新技术节水相结合，以工程措施节水为主，鼓励发展设施农业，推行灌溉方式改变、种植结构调整等节水措施。

第十九条 工业节水转让要采用节能与减排相结合，推行先进的用水工艺，主要用水指标应符合国家或地区的行业用水指标，退水水质应达到国家规定的行业标准。

第二十条 编制建设项目水资源论证报告书的要求，按照水利部《建设项目水资源论证导则（试行）》及《水文水资源调查评价资质和建设项目水资源论证资质管理办法（试行）》的规定执行。

第二十一条 报黄委审批的水权转让可行性研究报告应由持有工程设计（水利行业）和水文水资源调查评价甲级资质证书的单位编制。

第二十二条 黄河水权转让可行性研究报告应包括下列内容：

（一）水权转让的必要性和可行性；

（二）受让方用水需求，包括用水量、用水定额、水质要求和用水过程等；

（三）出让方水权指标、现状用水量、用水定额、用水合理性及节水潜力分析；

（四）出让方为农业用水的，应提出灌区节水措施和实施方案，分析计算节水量及可转让水量；出让方为工业用水的，应分析水平衡测试和工业用水重复利用率，提出节水减污技术改造措施和工艺，分析计算节水量及可转让水量；

（五）水权转让项目节水工程的选取、节约水量和转让水量的确定；

（六）水权转让期限、水权转让费用及价格；

（七）水权转让对第三方及周边水环境的影响与补偿措施；

（八）节水改造工程的建设与运行管理；

（九）取、退水监测评价与监控；

（十）有关协议及承诺文件。

第四章　水权转让期限与费用

第二十三条　水权转让期限要兼顾水权转让双方的利益，综合考虑节水主体工程使用年限和受让方主体工程更新改造的年限，以及黄河水市场和水资源配置的变化，黄河水权转让期限原则上不超过二十五年。

水权转让期满，受让方需继续取水的，应重新办理水权转让手续。受让方不再取水的，水权返还出让方，取水许可审批机关重新调整出让方取水许可水量。

第二十四条　水权转让总费用应包括：

（一）节水工程建设费用，包括节水工艺技术改造、节水主体工程及配套工程、量水设施等建设费用；

（二）节水工程和量水设施的运行维护费用（按国家有关规定执行）；

（三）节水工程的更新改造费用（指节水工程的设计使用期限短于水权转让期限时需重新建设的费用）；

（四）工业供水因保证率较高致使农业损失的补偿；

（五）必要的经济利益补偿和生态补偿。经济利益补偿和生态补偿可参照有关标准或由双方协商确定。生态补偿费用应包括对灌区地下水及生态环境监测评估和必要的生态补偿及修复等费用；

（六）依照国家规定的其他费用。

第五章　组织实施与监督管理

第二十五条　水权转让节水工程应与拟建项目一一对应。

第二十六条　黄委审批的水权转让项目，由省（区）水利厅具体负责组织实施。

第二十七条　水权转让申请经批准后，水权受让方应按照规定缴纳一定比例的保证金。

第二十八条　水权受让方建设项目经核准后，即可进行节水工程建设，受让方节水工程建设的资金必须按期到位。对未通过核准的建设项目，应将保证金及利息一并退回受让方。

第二十九条　省（区）水利厅负责水权转让节水工程的设计审查，组织或监督节水工程的招投标和建设，督促节水工程建设资金的到位，监督资金的使用情况，并负责节水工程的竣工验收。

节水工程的建设管理严格执行国家基本建设程序，由项目法人具体实施，确保节水工程先于受让方取水工程投入运用。

第三十条　节水工程竣工验收后，由省（区）水利厅向黄委提出核验申请，黄委会同省（区）水利厅按照《黄河水权转换节水工程核验办法（试行）》（黄水调〔2005〕29号）组织核验。

第三十一条 水权转让节水工程运行维护费实行预交制，每次预交1至2年。

水权转让其他费用由省（区）水利厅制定相关办法，并监督落实到位。

第三十二条 农业节水向工业用水转让的，由于工业供水保证率与农业供水保证率的不同，为保证供水安全，其节约水量应按不小于转让水量的1.2倍考虑。

第三十三条 节水工程核验合格的，出具节水工程核验意见。核验不合格的或有重大问题的，应按要求完成整改后进行复验。

第三十四条 节水工程核验合格或复验合格后，水权转让双方方可申请办理取水许可证或调整取水许可水量指标的手续，出让方变更取水许可证的许可水量，受让方领取取水许可证，水权转让方可生效。

在水权转让有效期内，受让方不得擅自改变取水标的。

第三十五条 通过工程节水进行转让的，水权出让方应对节水工程的节水效果进行持续监测、分析和评价；通过改变用水工艺节水进行转让的，水权出让方应做好取、退水监测或水平衡测试。

节水工程核验通过一年后将节水工程运行一年来的节水效果和监测评价报告报送黄委和省（区）水利厅。

第三十六条 黄委及其所属有关管理机构和省（区）有关地方水行政主管部门，应对黄河水权转让项目的实施情况进行监督检查。

第六章 罚 则

第三十七条 出现下列情形之一的，黄委和省（区）水利厅可暂停或取消该水权转让项目：

（一）节水工程未通过验收或节水工程未投入使用而受让方擅自取水的；

（二）水权转让申请获得批准后未签订水权转让协议的；

（三）水权转让建设项目核准后两年内节水工程未开工建设的；

（四）水权转让项目生效后，受让方擅自改变取水标的的。

第三十八条 水权受让方不按规定交付节水工程运行维护费的，黄委或地方水行政主管部门不予核发取水许可证。对于已经取水的由取水许可监督管理机关责令其停止取水，并按有关规定予以处理。

第三十九条 出现下列情形之一的，一年内暂停有关省（区）黄河水权转让项目的受理和审批工作：

（一）无正当理由，省（区）实际引黄耗水量连续两年超过年度分水指标5%及其以上的；

（二）不严格执行黄河水量调度指令，省（区）入境断面流量达到调度控制指标，而出境断面下泄流量连续十天比控制指标小于10%及其以上的。

第四十条 擅自进行黄河水权转让的，该水权转换项目无效。越权审批黄河水权转让项目的，黄委和省（区）水利厅责令其限期改正；逾期不改正的，黄委暂停有关省（区）黄河水权转让项目的受理和审批工作。

第七章 附 则

第四十一条 本办法自印发之日起施行。黄委2004年6月29日颁发的《黄河水权转换管理实施办法（试行）》（黄水调〔2004〕18号）同时废止。

第四十二条 本办法由黄委负责解释。

十四、《内蒙古自治区节约用水条例》相关条文

内蒙古自治区节约用水条例（节选）

（2012年9月22日内蒙古自治区第十一届人民代表大会常务委员会第三十一次会议通过）

第三十六条 自治区鼓励和扶持企事业单位和个人投资建设污水处理、再生水利用、矿区疏干水利用、施工降排水利用和雨水集蓄利用工程，提高非常规水源利用率。

第三十七条 自治区鼓励依法取得取水权的单位或者个人，通过调整产业、产品结构和改革工艺等节水措施节约水资源，并依法进行水的使用权有偿转让。

十五、内蒙古自治区闲置取用水指标处置实施办法

内蒙古自治区人民政府办公厅关于印发《内蒙古自治区闲置取用水指标处置实施办法》的通知

内政办发〔2014〕125号

各盟行政公署、市人民政府，自治区各委、办、厅、局，各大企业、事业单位：

经自治区人民政府同意，现将《内蒙古自治区闲置取用水指标处置实施办法》印发给你们，请认真遵照执行。

2014年12月5日

内蒙古自治区闲置取用水指标处置实施办法

第一章 总 则

第一条 为了落实最严格的水资源管理制度，促进水资源集约高效利用，有效处置闲置取用水指标，根据《中华人民共和国水法》、《取水许可和水资源费征收管理条例》（国务院第460号令）等法律法规，结合自治区实际，制定本办法。

第二条 本办法适用于自治区行政区域内闲置取用水指标的认定和处置。

第三条 本办法所称的闲置水指标，是指水资源使用权法人未按行政许可的水源、水量、期限取用的水指标或通过水权转让获得许可、但未按相关规定履约取用的水指标。

第四条 闲置取用水指标的认定和处置的实施主体为旗县级以上水行政主管部门。

第五条 闲置水指标处置以实现水资源合理配置、高效利用和有效保护为目标，应当符合国家和自治区最严格水资源管理制度要求，遵循总量控制、动态管理、盘活存量、注重效率、市场调节、统筹协调的原则。

第六条 闲置水指标认定和处置实行分级管理。盟市、旗县（区、市）水行政主管部门应建立闲置水指标动态监督管理机制，合理及时调整闲置水指标。

第七条 上一级水行政主管部门负责对下一级水行政主管部门闲置水指标的认定和处置工作进行监督。

在形成闲置水指标6个月内没有认定及处置的，上一级水行政主管部门有权对该闲置水指标收回并统筹配置。

第八条 经自治区水行政主管部门认定和处置的闲置水指标必须通过自治区水权收储转让中心交易平台进行转让交易。盟市处置的闲置水指标也可通过自治区水权收储转让中心交易平台进行转让交易。

第二章 闲置水指标的认定

第九条 各级水行政主管部门依照建设项目水资源论证分级审批管理权限对闲置水指标进行认定。下一级水行政主管部门应及时向上一级水行政主管部门上报管辖权内水指标闲置信息、处置意见和处置结果。

属于流域机构和自治区管理的项目，盟市级水行政主管部门应对闲置水指标进行初步认定，并提出处置建议。

第十条 符合下列条件之一的，系本办法所称的闲置水指标：

（一）项目尚未取得审批、核准、备案文件，但建设项目水资源论证报告

书批复超过36个月的；

（二）项目已投产，使用权法人未按照相关规定申请办理取水许可证的；

（三）水权转让各方在签订水权转让合同后6个月内，使用权法人没有按期足额缴纳灌区节水改造工程建设资金的；

（四）水权转让项目使用权法人在节水改造工程通过核验后，不按规定按时、足额缴纳水权转让节水改造工程运行维护费、更新改造费等应由受让方缴纳的费用的；

（五）项目已投产并申请办理取水许可手续，但近2年实际用水量（根据监测取用水量，按设计产能折算后计）小于取水许可量的部分；

（六）项目已投产，使用权法人未按照许可水源取用水，擅自使用地下水或其他水源超过6个月的。

第十一条 对于经核查属于闲置水指标的使用权法人，旗县级以上水行政主管部门向使用权法人下达《闲置水指标认定书》（以下简称《认定书》）。《认定书》应包括以下内容：

（一）使用权法人的名称、地址、建设规模等；

（二）水资源论证报告书或取水许可批复的取水水源、水量、取水过程及取水时间等，批复文件文号或取水许可证编号，水平衡测试及近2年实际用水量（根据监测取用水量，按设计产能折算后计）等；

（三）认定闲置水指标的事实和依据，闲置的原因及闲置水量等；

（四）其他需要说明的事项。

第十二条 《认定书》自作出之日起10个工作日内送达使用权法人。使用权法人若对《认定书》有异议，应在收到《认定书》后60个工作日内向有管辖权的水行政主管部门申诉或申请行政复议。

第三章 闲置水指标的处置

第十三条 属于第十条第一款、第二款情形的非水权转让项目，使用权法人仍需使用该水指标的，使用权法人应在收到《认定书》后30个工作日内按照相关规定，重新履行水资源论证报告书或履行取水许可的相关审批手续。

第十四条 属于第十条第一款、第二款和第六款情形的非水权转让项目，但未按第十三条规定办理相关手续的，按水行政主管部门闲置水指标分级管理权限进行处置。

第十五条 属于第十条第五款使用权法人通过节水改造节余的水量指标，自治区水权收储转让中心与使用权法人协商回购水指标。

第十六条 旗县级以上水行政主管部门向使用权法人下达《收回闲置水指标决定书》（以下简称《决定书》）。《决定书》应包括以下内容：

（一）企业的名称、地址、建设规模等；

（二）违反法律、法规或规章等事实和证据；

（三）认定的闲置水指标及处置意见等；

（四）其他需要说明的事项。

若该闲置水指标涉及第三方的，应向第三方送达《决定书》。

第十七条 《决定书》自作出之日起10个工作日内送达使用权法人，并同时告知项目所在旗县（市、区）人民政府水行政主管部门。使用权法人若对《决定书》有异议，应在收到《决定书》后60个工作日内向有管辖权的水行政主管部门申诉或申请行政复议。

第十八条 属第十五条情形的，使用权法人可优先回购其闲置水指标。

第十九条 建设项目获得闲置水指标，应符合下列条件：

（一）项目应符合区域、产业相关规划及准入条件；

（二）用水定额必须满足《自治区行业用水定额标准》和国家清洁生产相关标准的要求；

（三）污水排放必须满足水功能区管理的相关要求；

（四）符合国家和自治区用水政策及其他要求。

第二十条 闲置水指标的收储，按以下规定执行：

（一）收储水权转让项目闲置水指标，灌区节水改造工程建设费用和更新改造费用，应按批准的初步设计节水改造单方水投资价格进行收储，并返还使用权法人，不计利息；

（二）收储水权转让项目闲置水指标已支付的运行管理费，自缴费之日起，按取用水时间、按比例返回使用权法人，不计利息；

（三）属第十五条情形的，自治区水权收储转让中心与使用权法人在节水改造投资成本的基础上，协商收储水指标价格。

第二十一条 闲置水指标收储后，按现行水权转让项目单方水价格进行交易，获得闲置水指标的使用权法人需支付运行管理费。收储交易需缴纳收储交易费，费用标准另行制定。

第二十二条 闲置水指标被处置后，出让方和受让方应依据有关规定办理取水许可变更手续。

第四章 预防与监督

第二十三条 被认定为闲置水指标的使用权法人拒不执行本办法相关规定的，按照《内蒙古自治区社会法人失信惩戒办法》予以惩戒。

第二十四条 城乡居民生活和生态用水的水指标不得按闲置水指标处置。

第二十五条 使用权法人应向有管辖权的水行政主管部门及时报送项目前

期工作进展、工程建设及实际用水情况。

第二十六条 对于认定为闲置水指标的使用权法人，在闲置水指标处置完之前，水行政主管部门不再受理其水资源论证、取水许可和入河排污口审批等。

第二十七条 水行政主管部门工作人员弄虚作假、徇私舞弊、玩忽职守的，根据有关规定追究相关人员的责任；触犯刑律的，依法追究其刑事责任。

第五章　附　　则

第二十八条 本办法自2015年1月10日起施行，各盟市、旗县（市、区）可参照本办法制定实施细则。

十六、关于黄河干流水权转换实施意见（试行）

内蒙古自治区人民政府批转自治区水利厅关于黄河干流水权转换实施意见（试行）

内政字〔2004〕395号

各盟行政公署、市人民政府，自治区各委、办、厅、局，各大企业、事业单位：

现将自治区水利厅组织制定的《关于黄河干流水权转换实施意见（试行）》批转给你们，请结合实际，认真贯彻执行。

关于黄河干流水权转换实施意见（试行）

随着自治区全面建设小康社会战略目标的实施和工业化、城镇化、农牧业产业化的快速推进，水资源短缺已成为制约我区经济社会发展的重要因素。为优化配置黄河水资源，提高用水效率和效益，多渠道筹集农业节水资金，规范和推进我区黄河干流水权转换工作，根据水利部《关于内蒙古宁夏黄河干流水权转换试点工作的指导意见》和黄河水利委员会（以下简称黄委会）《黄河水权转换管理实施办法（试行）》，结合我区黄河水资源开发利用的实际，提出以下实施意见：

一、指导思想和基本原则

（一）指导思想

水权转换必须坚持全面、协调和可持续的科学发展观，以水权、水市场理论为指导，以促进农业发展、保障粮食安全和维护群众用水权益为前提，在水资源综合规划的基础上，适度调整用水结构，引导水资源向高效益、高效率方向转移，大力发展节水型农业和节水型工业，建设节水型社会。通过政府调控、市场引导、平等协商，由拟用黄河水的建设项目业主单位投资农业灌区节水工程，将该节水工程所节约的水量有偿转换给工业建设项目，以工农业的互相支持促进自治区经济社会的可持续发展。

（二）基本原则

1. 明晰水权与统一调度原则。

根据1987年国务院《黄河可供水量分配方案》批准我区58.6亿m^3的耗水指标，本着尊重历史、考虑现状、着眼未来、实现发展的思路，将初始水权明晰到沿黄6个盟市，各盟市结合本地区经济社会发展用水需求再逐级分解到用水单位。水权转换双方要严格按照批准的年度计划用水，服从黄委会和自治区水利厅的水量调度，确保我区头道拐断面的下泄流量。

2. 总量控制与供需平衡原则。

在明晰初始水权的基础上，自治区编制《黄河干流水权转换总体规划》，建立和完善水资源的宏观调控和微观定额2套指标体系，统一调控地表水与地下水以及其它水源，统筹协调生活、生产和生态用水，实现区域水资源在现状水平年和转换期限内的供需平衡。凡新增引黄用水项目都须通过水权转换方式获得取水权。

3. 政府监管与市场调节相结合原则。

各级人民政府及水行政主管部门应按照公开、公平、公正的原则，加强水权转换的监督管理。要逐步建立完善规范有序的水权转换市场，充分发挥市场机制在资源配置中的作用，引导水资源向低耗水、低污染、高效率、高效益的行业转移。

二、水权转换应具备的基本条件

（一）直接从黄河干流取用水资源的单位和个人，应当按照《中华人民共和国水法》规定的取水许可制度和水资源有偿使用制度，向水行政主管部门或者流域管理机构申请领取取水许可证，并缴纳水资源费，依法获得取水权。本意见所称“水权”是指黄河取水权，所称“水权转换”是指黄河干流取水权的转换。

（二）水权转换出让方应具备以下条件：

1. 拥有自治区人民政府和有关盟行政公署、市人民政府确认的初始水权；

2. 具备法人主体资格且有依法取得的取水许可证；

3. 能够承担水权转换权利与义务的取水权益人；

4. 通过工程措施能够节约水量。

（三）水权转换受让方应具备以下条件：

1. 能够承担水权转换权利与义务的独立法人；

2. 受水工程项目必须符合国家产业政策；

3. 愿意按规定实施水权转换并保证资金按时到位。

三、水权转换的审批与实施

（一）水权转换双方向自治区水利厅提出书面申请，并提交以下材料：

1. 出让方的取水许可证复印件；

2. 水权转换双方签订的意向性协议；

3. 水权转换可行性研究报告；

4. 建设项目水资源论证报告书；

5. 建设项目的（初）可行性研究报告和取水工程的可研报告；

6. 拥有初始水权的地方人民政府同意水权转换的文件；

7. 需要提交的其它材料。

（二）自治区水利厅对符合水权转换条件的项目受理后，提出初步审查意见并报送黄委会。

（三）水权转换可行性研究报告和水资源论证报告书在黄委会批准之日起15个工作日内，转换双方应正式签订《水权转换协议》、制定《水权转换实施方案》，并报自治区水利厅和黄委会备案。

水权转换协议应包括：出让方和受让方名称、转换水量、期限、费用及支付方式、双方的权利和义务、违约责任、双方法定代表人或主要负责人签字、盖章以及其他需要说明的事项。

（四）为水权转换而兴建的节水工程项目，以市场运作为基础，参照国家大中型灌区节水改造工程项目管理办法组织实施。出让、受让双方正式签订水权转换协议后，项目法人组织编制节水工程初步设计，并报自治区水利厅审查批准。

（五）受让方应按照自治区水利厅下达的资金到位计划，将依据批准的初步设计确定的节水工程建设费用，分期支付到自治区水权转换项目办专用账户，项目办再按照工程的施工进度将节水工程建设费用分期拨付给项目法人。

（六）水权转换节水工程应先于受让方取水工程3个月完工并试运行。节水工程经验收合格且受让方的工程建设资金全部到位后，可办理取水许可证。

四、水权转换期限和费用

（一）水权转换期限

水权转换的期限要与国家、自治区和当地的国民经济及社会发展规划相适应，综合考虑节水工程设施的使用年限和受水工程设施的运行年限，兼顾转换双方利益，水权转换期限原则上不超过25年。

水权转换期内，水权转换任何一方出现法人主体资格的变更或终止，按照有关法律法规的规定办理相应的变更手续。

水权转换期满，受让方需继续取水的，应重新办理水权转换手续；受让方不再取水的，水权返还出让方，并办理相应的取水许可手续。

（二）水权转换费用

该费用的确定应体现水价形成机制，按照市场经济规律，实现转换双方与经济发展多赢目标。在水权转换的初始阶段，通过工程措施节水的转换费用包括：

1. 节水工程建设费用。按照水利部现行的灌区节水工程规范计算，包括直接费用与间接费用。该费用在节水工程竣工前按计划付清。

2. 节水工程的运行维护费。依照水利部混凝土预制铺砌工程的相关规范，在转换期限内每年按节水工程造价的2%计算。此项费用由受让方分年度支付到盟市水权转换项目办专用账户。

3. 节水工程的更新改造费用。是指当节水工程的设计使用期限短于水权转换期限时，所必须增加的费用。

节水工程建设资金由自治区水权转换项目办实施专户管理，按施工进度分期拨付给项目法人；节水工程的运行维护费，由灌区管理单位提出年度使用计划，经盟市水权转换项目办批准，报自治区水权转换项目办备案后支付，当年结余可转下年度使用。上述两项费用要专款专用，并接受审计部门的监督。

五、组织实施和监督管理

（一）实行水权转换地区的各级人民政府及水行政主管部门要加强领导，明确职责，正确引导水权转换工作，及时总结经验，确保水权转换资金专款专用，切实做好水权转换的组织实施和监督管理。

（二）成立以自治区水利厅牵头，各有关部门和单位参加的自治区水权转换工作领导小组，领导小组的办事机构为水权转换项目办公室，设在自治区水利厅，具体负责以下工作：

1. 组织编制与实施水权转换总体规划；

2. 组织初审报批水权转换项目的水资源论证及可行性研究报告；

3. 负责水权转换节水工程建设资金的管理，提出资金到位计划，并督促计划的执行；

4. 负责监督检查水权转换节水改造工程的实施；

5. 承担自治区水权转换工作领导小组交办的其它事项。

承担水权转换工作的盟市也要比照自治区成立相应的领导机构和项目办公室，负责水权转换的组织领导和实施。

（三）盟市水行政主管部门负责以下工作：

1. 提出节水工程项目法人的组建方案，并按有关规定报请批准；

2. 组织水权转换双方签订《水权转换协议》、制定《水权转换实施方案》；

3. 负责管理节水工程的施工进度、工程质量和其它日常性工作；

4. 负责节水工程运行后的监测与评估工作；

5. 负责节水工程运行维护费的收取、使用与管理；

6. 承担与水权转换相关的其他工作。

（四）水权转换节水工程项目法人负责组织设计与施工的招投标工作，组

织实施节水工程，按规定的时间和质量要求完成工程建设，并对工程的寿命期负责。

（五）水权转换受让方作为节水工程建设的出资单位，应积极参与节水工程实施的全过程，有权对工程的招投标、进度质量和资金的管理使用进行监督检查，并可随时提出改进意见。

（六）节水工程实施过程中，受让方如发生资金不按计划到位的情况，出让方可中止水权转换工作，对于已投入的工程资金不予退还。受让方不按年度支付运行维护费的，责令其停止取水；情节严重的，依照《中华人民共和国水法》和国务院《取水许可制度实施办法》的相关规定处理。

（七）节水工程竣工后，由黄委会同自治区水利厅组织水权转换有关单位进行验收。验收合格后，水权转换双方同时办理或变更取水许可相关手续；节水工程由于质量问题未能通过验收的，节水工程的项目法人应及时补救或负责赔偿受让方的经济损失。

（八）在水权转换有效期内，受让方不得擅自改变取水用途和取水标的。

（九）在水权转换工作中有弄虚作假、徇私舞弊、玩忽职守的，根据有关规定追究相关人员的责任；触犯刑律的，依法追究其刑事责任。

六、其它规定

（一）本意见未尽事宜，另行协商研究解决。

（二）自治区境内黄河干流以外地区的水权转换工作可以参照本意见执行。

（三）国家和自治区另有规定的从其规定。

（四）本意见由自治区水利厅负责解释。

自治区水利厅

二〇〇四年十一月九日

十七、内蒙古自治区盟市间黄河干流水权转让试点实施意见（试行）

内蒙古自治区人民政府关于批转自治区盟市间黄河干流水权转让试点实施意见（试行）的通知

内政发〔2014〕9号

各盟行政公署、市人民政府，自治区各委、办、厅、局，各大企业、事业单位：

现将自治区水利厅组织制定的《内蒙古自治区盟市间黄河干流水权转让试点实施意见（试行）》批转给你们，请认真贯彻执行。

内蒙古自治区盟市间
黄河干流水权转让试点实施意见（试行）

（自治区水利厅 2014 年 1 月）

为贯彻落实中共中央、国务院《关于加快水利改革发展的决定》（中发〔2011〕1号）、《国务院关于实行最严格水资源管理制度的意见》（国发〔2012〕3号）、《国务院关于进一步促进内蒙古经济社会又好又快发展的若干意见》（国发〔2011〕21号）精神和自治区“8337”发展思路，自治区决定实施盟市间黄河干流水权转让试点（以下简称“试点”），即对河套灌区进行节水工程改造，将农业节约的水量转给沿黄工业项目。根据水利部《关于内蒙古宁夏黄河干流水权转换试点工作的指导意见》和黄河水利委员会（以下简称“黄委会”）《黄河水权转让管理实施办法》，结合自治区实际并借鉴自治区盟市内黄河干流水权转让的经验，现提出如下意见：

一、指导思想

试点必须坚持科学发展观，以保障粮食安全和维护群众用水权益为前提，充分发挥水资源配置在经济发展方式转变中的引导、调节和保障作用，统筹生活、生产、生态用水，引导水资源向高效益、高效率行业和区域转移，保障城镇、重点工业项目用水需求，大力推进节水型社会建设。通过政府调控、市场引导、平等协商，由拟用黄河水的建设项目业主单位投资河套灌区农业节水工程，将所节约的水量有偿转让给工业建设项目，以工农业的互相支持、区域间水资源合理调配，实现水资源的优化配置，增强水资源的供给保障能力，支撑自治区沿黄河沿交通干线经济带战略的实施，促进自治区经济社会的可持续发展。

二、基本原则

（一）总量控制原则

水权转让双方以及所在盟市要服从黄委会和自治区水利厅对年度水量调度的相关要求，确保我区头道拐断面的下泄流量和自治区年度黄河水量调度不超黄委会分配的年度用水计划。转让水量按节水量的 2/3 控制。各盟市可转让总量原则上以《内蒙古自治区人民政府关于进一步调整黄河用水结构有关事宜的函》（内政字〔2006〕59号）分配给各盟市的指标控制。

（二）注重效率原则

自治区在黄河流域限制高耗水、高污染工业发展。用水项目必须符合国家和自治区确定的区域产业布局和项目准入条件，且应采用先进的节水技术，用水定额必须满足《内蒙古自治区行业用水定额标准》要求，污水排放必须满足水功能区管理的相关要求。

（三）政府统筹与市场调节相结合原则

地方各级人民政府水行政主管部门应按照公开、公平、公正的原则，加强试点工作的统筹、监督和管理，自治区统筹水权转让指标，优先保障自治区重点项目用水，促进优势产业集聚和经济增长方式转变，切实保障水权转让所涉各方合法权益，保护生态环境。

水权转让节水改造工程的布局、建设标准和进度安排等应与大型灌区续建配套和节水改造规划相衔接，水权转让不能对灌区正常情况下用水造成影响。

发挥市场机制在资源配置中的作用，实行水权有偿转让，引导黄河水资源向低耗水、低污染、高效益、高效率行业转移。

（四）动态管理原则

自治区根据各盟市转让进度、指标使用情况等，在自治区黄河流域内统筹配置盟市内和盟市间水权转让指标。盟行政公署、市人民政府将自治区的分配指标，配置给用水企业（受让方）。若受让方不能按规定履责，自治区将收回其转让指标并通过市场化方式重新配置。

（五）统筹协调原则

统筹配置黄河水资源，统筹生活、生产、生态用水。试点实施采用"点对面"的方式，即统一组织进行前期工作和工程建设，统一水权转让单方水价格，综合考虑项目核准进度、资金到位情况与项目需水、节水工程节水量，虚拟划分企业水权转让所对应的地块或水工建筑物。

三、总体目标

试点工作转让指标按3.6亿立方米控制，分三期实施，实施期为4年，即2013年至2016年，每期转让水量为1.2亿立方米。要本着先易后难的原则在河套灌区选择试点灌域，优先实施节水潜力大的灌域。

四、组织实施

（一）组织机构。

1. 自治区人民政府成立自治区水权转让试点工作领导小组，负责试点工作的指导和协调，领导小组办公室设在自治区水利厅，承担领导小组日常工作，具体负责以下工作：

（1）组织编制盟市水权转让总体规划。

（2）组织初审或审批报批水权转让项目的水资源论证及可行性研究报告。

（3）审批水权转让及节水改造工程初步设计。

（4）负责监督检查水权转让节水改造工程的实施。

（5）负责水权转让及节水改造工程实施中的相关协调工作。

（6）组织水权转让及节水改造工程验收。

（7）承担自治区水权转让试点工作领导小组交办的其他事项。

2. 相关盟市应成立主要领导牵头的水权转让领导小组和办公室，具体负责以下工作：

（1）组织水权转让各方签订《水权转让协议》。

（2）审核用水企业水权转让申请。

（3）负责协调受让方缴纳水权转让各种费用。

（4）自治区交办的其他事项。

3. 巴彦淖尔市水务局负责以下工作：

（1）负责管理节水工程实施中的相关协调工作。

（2）负责节水工程运行后的监测与评估工作。

（3）负责节水工程运行维护费等费用的收取、使用与管理。

（4）承担与水权转让相关的其他工作。

（二）实施机构。

内蒙古水务投资公司是项目实施的管理主体，在自治区水利厅指导下负责项目前期工作、资金筹措和监督管理等。巴彦淖尔市水务局为项目实施主体，履行项目业主相关职责。

（三）受让方应具备的条件。

1. 能够承担水权转让权利与义务的独立法人。

2. 受水工程项目必须符合国家产业政策和自治区相关要求。

3. 愿意按规定实施水权转让并保证资金按时到位。

（四）前期工作。

1. 自治区水利厅负责组织编制盟市间水权转让总体规划。

2. 内蒙古水务投资公司负责组织编制水权转让灌区节水改造工程项目年度可研和年度初步设计等前期工作；依据初步设计批复，计算确定单方水工程建设造价。

3. 受让方负责组织编制用水项目的建设项目水资源论证报告书和水权转让可行性研究报告等。

前期工作审批权限及程序按国家和自治区现行规定执行。

（五）审批程序。

1. 用水企业向所在盟市水行政主管部门提出水权转让申请，经审核同意后，由盟市出具同意水权转让的文件。

2. 自治区水利厅审核同意用水企业水权转让申请后，出具同意开展前期工作的文件，用水企业组织开展建设项目相关前期工作和申报材料准备工作。

3. 材料准备齐全后，用水企业向自治区水利厅提出要求审查的书面申请，由自治区水利厅初审后报黄委会审批。

4. 水资源论证报告书和水权转让可行性研究报告批复后 15 日内，水权转让出让方、受让方和内蒙古水务投资公司签订水权转让协议。

水权转让协议应包括：转让协议各方的名称，转让水量、期限、费用及支付方式，三方的权利和义务、违约责任，三方法定代表人和主要负责人签字、盖章以及其他需要说明的事项。

5. 节水工程通过验收和核验后，由有管理权的水行政主管部门发放取水许可证。

（六）向自治区水利厅提出书面申请需提交的材料。

1. 出让方的取水许可证复印件。

2. 水权转让可行性研究报告。

3. 建设项目水资源论证报告书。

4. 受让方所在盟行政公署或市人民政府同意水权转让的文件。

5. 需要提交的其他材料。

（七）出现下列情形之一的，不予受理：

1. 水权转让不符合盟市间水权转让总体规划。

2. 受让方建设项目不符合国家产业政策。

3. 提交材料存在虚假情况。

4. 申请材料不齐全。

（八）项目实施。

按照国家对大中型灌区节水改造工程项目管理的相关要求，由项目业主组织实施。水权转让节水工程应先于受让方取水工程3个月完工。

（九）资金管理。

1. 水权转让协议签订3个月内，受让方应将节水工程建设资金的50%汇入内蒙古水务投资公司设定的专户，6个月内付清所有应缴资金。节水工程建设资金实行专户管理，内蒙古水务投资公司商项目业主按施工进度分期拨付给建设单位。项目建设过程中周转资金不足部分由内蒙古水务投资公司负责筹措和垫付。

2. 节水工程核验并发放取水许可证后，受让方应一次支付5年的节水工程运行维护费，之后结合取水许可证换发，支付下一个5年的节水工程运行维护费，以此类推。该费用汇入巴彦淖尔市水务局的专用账户。灌区管理单位根据灌区维修维护计划，向巴彦淖尔市水务局提出年度使用计划，经批准后支付，当年结余可转下年度使用。

3. 节水工程的设计使用期限短于水权转让期限时，受让方应在该节水工程需重新建设的两年前，将节水工程更新改造费用汇入巴彦淖尔市水务局专用账户。

4. 其他费用在节水工程核验后30日内一次付清。该费用汇入巴彦淖尔市水务局专用账户。

上述费用要专款专用，并接受审计部门监督。

五、水权转让期限和费用

（一）水权转换期限。

从节水工程核验后起算，水权转让期限原则上不超过25年。

水权转让期内，水权转让任何一方出现法人主体资格变更或终止，按照有关法律法规规定办理相应变更手续。

水权转让期满，受让方需继续取水的，应重新办理水权转让手续；受让方不再取水的，水权返还出让方，并办理相应的取水许可手续。

（二）水权转让费用包括：

1. 节水工程建设费用：按照水利部现行灌区节水工程规范计算，包括节水工程技术改造、节水主体工程及配套工程、量水设施等直接费用和间接费用。用水企业转让费用按转让水量乘单方水工程建设造价计算。

2. 节水工程和量水设施的运行维护费用：在转让期限内每年按节水工程造价的2%计算，并由受让方支付。

3. 节水工程的更新改造费用（指节水工程的设计使用期限短于水权转让期限时需重新建设的费用）。

4. 工业供水因保证率较高致使农业损失的补偿费用。

5. 必要的经济利益补偿和生态补偿。生态补偿费用应包括对灌区地下水及生态环境监测评估和必要的生态补偿及修复等费用。

6. 依照国家规定的其他费用。

六、监督管理

（一）实行水权转让地区的各级人民政府及水行政主管部门要加强领导，明确职责，正确引导水权转让工作，及时总结经验，切实做好水权转让的组织实施和监督管理。

（二）水权转让节水工程项目法人负责组织实施节水工程，按规定时间和质量要求完成工程建设，并对工程的寿命期负责。

（三）水权转让受让方作为节水工程建设的出资单位，有权对工程的招投标、进度质量和资金管理使用进行监督检查，并可随时提出改进意见。

（四）节水工程竣工后，由黄委会会同自治区水利厅组织水权转让有关单位进行验收。验收合格后，水权转让双方同时办理或变更取水许可相关手续；节水工程由于质量问题未能通过验收的，节水工程项目法人应及时补救或负责赔偿受让方经济损失。

（五）在水权转让有效期内，受让方不得擅自改变取水用途和取水标的。

（六）节水工程实施过程中，受让方如发生资金不按计划到位的情况，出

让方和实施方可中止水权转让工作。受让方不按要求支付运行维护费或其他费用的，责令其停止取水；情节严重的，依照《中华人民共和国水法》和国务院《取水许可和水资源费征收管理条例》相关规定处理。

（七）属于下列情形的，自治区将收回盟市内和盟市间水权转让指标，交由内蒙古水务投资公司进行交易：

1. 签订水权转让协议后3个月内节水工程建设资金没有足额到位的。

2. 水资源论证报告书批复超过3年（36个月）尚未使用水权转让水指标的。

3. 不按规定缴纳节水工程运行维护费、更新改造费等应由受让方缴纳的费用的。

4. 用水项目不符合产业准入条件或自治区相关要求的。

具体交易办法另行制定。

（八）水权转让节水改造工程质量监督单位为内蒙古水利工程质量监督站。参建各方及监理单位要严格按照国家和自治区相关规定，建立工程质量监管、监督、跟踪和责任追究等机制，确保工程质量。

（九）在水权转让工作中弄虚作假、徇私舞弊、玩忽职守的，根据有关规定追究相关人员的责任；构成犯罪的，依法追究刑事责任。

七、其他规定

（一）自治区境内黄河干流以外地区的水权转让工作可以参照本意见执行。

（二）国家和自治区另有规定的从其规定。

十八、内蒙古自治区人民政府2013年第9次主席办公会议纪要

内蒙古自治区人民政府2013年第9次
主席办公会议纪要（节选）

（2013年6月20日）

2013年6月17日上午，自治区主席巴特尔主持召开自治区人民政府2013年第9次主席办公会议，听取了《关于几项重点水利工作的汇报》……。现纪要如下：

一、听取《关于几项重点水利工作的汇报》

推进盟市间黄河干流水权转让试点工作，有利于沿黄各盟市合理调配利用黄河水资源，提高水资源利用率……

会议明确：

（一）……

（二）同意以内蒙古水务投资（集团）有限公司作为还贷主体进行市场融

资，组建水利基础设施建设融资担保公司和水权转让收储中心，并责成自治区水利厅根据“谁接谁还、谁承担风险责任”的原则明确还款主体。

（三）同意自治区水利厅提出的推进盟市间黄河水权转让试点工作方案，并责成自治区水利厅按照会议议定的意见，对《内蒙古盟市间黄河干流水权转让试点实施意见（试行）》作进一步修改完善后，报自治区政府批转。

十九、内蒙古自治区水利厅关于组建内蒙古自治区水权收储转让中心有限公司的批复

内蒙古自治区水利厅关于组建内蒙古自治区水权收储转让中心有限公司的批复

（内水办〔2013〕60号）

内蒙古水务投资（集团）有限公司：

你公司《关于组建内蒙古自治区水权收储转让中心的请示》已收悉，经自治区水利厅研究，现批复如下：

一、同意内蒙古水务投资（集团）有限公司出资1000万元（独资）组建“内蒙古自治区水权收储转让中心有限公司”。

二、内蒙古自治区水权收储转让中心有限公司经营范围为：自治区内盟市间水权收储转让；行业、企业节余水权和节水改造的节余水权收储转让；投资实施节水项目并对节约水权收储转让；新开发水源（包括再生水）的水权收储转让；水权收储转让项目咨询、评估和建设；国家和流域机构赋予的其他水权收储转让。

请你公司尽快在工商部门完成该公司注册登记工作，并按照我厅批复的经营范围开展水权收储转让的相关工作。

此复。

内蒙古自治区水利厅

2013年12月11日

二十、内蒙古自治区水权交易管理办法

内蒙古自治区人民政府办公厅关于印发《内蒙古自治区水权交易管理办法》的通知

内政办发〔2017〕16号

各盟行政公署、市人民政府，自治区各委、办、厅、局，各大企业、事业单位：

经自治区人民政府同意，现将《内蒙古自治区水权交易管理办法》印发给你们，请认真贯彻执行。

2017年2月14日

（此件公开发布）

内蒙古自治区水权交易管理办法

第一章　总　　则

第一条　为了规范水权交易，促进水资源的节约保护、优化配置和高效利用，支撑经济社会可持续发展，根据《中华人民共和国水法》、《取水许可和水资源费征收管理条例》（2006年国务院令第460号）、水利部《水权交易管理暂行办法》（水政法〔2016〕156号）、《内蒙古自治区实施〈中华人民共和国水法〉办法》、《内蒙古自治区取水许可和水资源费征收管理实施办法》等法律、法规、规章，结合自治区实际，制定本办法。

第二条　在自治区行政区域内开展水权交易及其监督管理，适用本办法。

本办法所称水权交易，是指交易主体对依法取得的水资源使用权或者取用水指标（以下统称水权）进行流转的行为。

转让水权的一方称转让方，取得水权的一方称受让方。

第三条　水权交易应当遵循公平、公正、公开、高效的原则，实行市场运作和政府调控相结合，控制总量和盘活存量相统筹，运用市场机制优化配置水资源，规范水权有序流转。

水权交易，应当根据国家、自治区经济社会发展规划和产业政策，优先支持节水、节能、环保、高效的项目。

第四条　开展水权交易应当遵守最严格水资源管理制度，并服从旗县级以上地方人民政府水行政主管部门和有关流域管理机构的统一调度管理。

用水总量达到或者接近区域用水总量控制指标的地区，新建、改建、扩建项目新增用水需求原则上应当通过水权交易方式解决。

第五条　自治区水行政主管部门负责全区水权交易的监督管理。盟市、旗县（市、区）水行政主管部门按照各自管辖范围及管理权限，对水权交易进行监督管理。

其他有关行政主管部门按照各自职责权限，负责水权交易的有关监督管理工作。

第六条　自治区依法设立水权交易平台，各盟市可以根据当地水权交易需要依法设立水权交易平台，为水权交易和收储提供服务。

水权交易一般应当通过水权交易平台进行，也可以在转让方与受让方之间直接进行。自治区水行政主管部门认定的闲置取用水指标、跨盟市水权交易或者交易量超过 300 万 m^3 以上的，应当在自治区水权交易平台进行。

第二章　交易的范围和类型

第七条　灌区或者企业采取措施节约的取用水指标、闲置取用水指标、再生水等非常规水资源、跨区域引调水工程可供水量，可以依照本办法规定收储和交易。

第八条　灌区因实施节水改造等措施节约的取用水指标，具备条件的可以跨行业、跨地区转让。

第九条　企业通过改进工艺、节水等措施节约水资源的，在取水许可的限额内，经原审批机关批准，其节约的取用水指标可以交易。

第十条　社会资本持有人经与灌区或者企业协商，通过节水改造措施节约的取用水指标，经有管理权限的水行政主管部门评估认定后，可以收储和交易。

第十一条　依据《内蒙古自治区人民政府办公厅关于印发〈内蒙古自治区闲置取用水指标处置实施办法〉的通知》（内政办发〔2014〕125 号），由旗县级以上地方人民政府水行政主管部门认定的闲置取用水指标，可以收储和交易。

第十二条　再生水等非常规水资源可以收储和交易。

第三章　平 台 交 易 程 序

第十三条　通过水权交易平台交易水权的，转让方应当提交如下材料：

（一）水权交易申请书。

（二）水权交易项目水资源论证报告批复文件。

（三）水权交易项目取水许可申请书。

（四）旗县级以上地方人民政府水行政主管部门同意文件。

（五）需要提交的其他材料。

第十四条　水权交易受让方应当符合下列条件：

（一）项目符合区域、产业相关规划及准入条件。

（二）符合最严格水资源管理制度要求。

（三）用水定额满足《内蒙古自治区行业用水定额标准》要求。

（四）入河污水排放满足水功能区管理的相关要求。

（五）符合国家和自治区规定的其他要求。

第十五条　受让方为闲置取用水指标的原持有人，可以优先回购其闲置取用水指标。

第十六条 水权交易平台应当及时公告水权交易的相关信息，公告期不少于20个工作日。

水权交易公告应当包括以下内容：

（一）水权交易的基本情况，包括名称、数量、水源类型、水量、水质、取水方式、所在的区域位置等。

（二）交易标的的竞价起始价。

（三）交易竞价时间、地点。

（四）受让方须具备的条件。

（五）受让方申请受理截止时间。

（六）其他需要公告的事项。

第十七条 意向受让方应当在交易公告确定的受让方申请受理截止日期前，填写意向受让登记表，并提交下列材料：

（一）水权受让申请书。

（二）统一社会信用代码证书（或原工商营业执照）正本复印件、法定代表人身份证复印件；有委托代理情形的，还需提交委托代理文件和被委托人身份证复印件。

（三）其他与水权交易有关的材料。

第十八条 水权交易平台应当在收到意向受让方申请材料后15个工作日内进行复核。经复核符合受让条件的，出具《水权受让申请受理通知书》；不符合受让条件的，不予受理，并书面说明理由。

第十九条 水权交易方式：

（一）当同一水权交易标的只有一个符合条件的意向受让方时，由水权交易平台组织双方协商交易费用，以协议转让的方式进行交易。

（二）当同一水权交易标的有两个及以上符合条件的意向受让方时，由水权交易平台组织受让方以公开竞价的方式进行交易。

（三）符合相关法律、法规、规章规定的其他方式。

第二十条 水权交易平台确认水权交易符合相关法律、法规、规章规定的，应当与转让方、受让方签订三方协议，明确水权交易的项目名称、地理位置、水源类型、水量、水质、费用、用途等，并及时书面告知有管理权限的水行政主管部门。

第二十一条 水权交易合同签订后，受让方应当按照合同约定结算价款。

第四章 交易费用和期限

第二十二条 水权交易的基准费用由取得水权的综合成本、合理收益、税费等因素确定。

灌区向企业水权转让的基准费用包括节水改造相关费用、税费等。

第二十三条 灌区向企业水权转让的节水改造相关费用包括：

（一）节水工程建设费用，包括节水主体工程及配套工程、量水设施等建设费用。

（二）节水工程和量水设施的运行维护费用（按国家有关规定执行）。

（三）节水工程的更新改造费用（指节水工程的设计使用期限短于水权转让期限时需重新建设的费用）。

（四）工业供水因保证率较高致使农业损失的补偿费用。

（五）必要的经济利益补偿和生态补偿费用。

（六）财务费用。

（七）国家和自治区规定的其他费用。

第二十四条 水权交易应当缴纳的税费，按照相关法律、法规要求计算。

第二十五条 灌区水权转让项目闲置取用水指标收储费用按以下规定执行：

（一）灌区节水改造工程建设费用和更新改造费用，按原水权转让合同约定的节水改造单位投资价格进行收储，并按取用水时间比例返还原受让方，不计利息。

（二）已预付的运行维护费，按取用水时间比例返还原受让方，不计利息。

其他水权收储的费用，由双方协商确定。

第二十六条 水权交易期限应当综合考虑水权来源、产业生命周期、水工程使用期限等因素合理确定，原则上不超过25年。灌区向企业水权转让期限自节水工程核验之日起计算，其他水权交易期限参照灌区水权转让期限确定。

再次交易的，水权交易期限不得超过该水权的剩余期限。

第二十七条 灌区水权再转让的，按原水权转让合同约定的灌区节水改造单方水年投资价格和剩余的水权转让期限进行。原运行维护费收取方应将扣除已运行期限运行维护费后，剩余的返还给原受让方，不计利息。

其他水权再转让的费用，由双方协商确定。

第五章 交易管理

第二十八条 旗县级以上地方人民政府水行政主管部门应当按照管理权限加强对水权交易实施情况跟踪管理，加强对相关区域的农业灌溉用水、地下水、水生态环境等变化情况的监测，并适时组织开展水权交易的后评估工作。有关部门对水权交易行为进行监督管理。

第二十九条 交易完成后，转让方和受让方应当按照取水许可管理的相关规定申请办理取水许可变更等手续。

第三十条 属于下列情形之一的，不得开展水权交易：

（一）城乡居民生活用水。

（二）生态用水转变为工业用水。

（三）水资源用途变更可能对第三方或者社会公共利益产生重大损害的。

（四）地下水超采区范围内的取用水指标。

（五）法律、法规规定的其他情形。

第三十一条 水权交易各方在水权交易中弄虚作假、恶意串通、扰乱交易活动，或者未按本办法规定进行水权交易的，水行政主管部门有权暂停水权交易活动；造成损害的，应当依法承担相应责任。

第三十二条 水权交易平台收储水权并交易的，水权交易的损益归水权交易平台所有。

第三十三条 旗县级以上地方人民政府水行政主管部门应当逐步建立和完善水权交易管理制度和风险防控机制。

第三十四条 水权交易过程中发生纠纷的，由有关各方协商解决；协商不成的，可以申请共同的上一级人民政府水行政主管部门调解，也可以依法申请仲裁或者向人民法院起诉。

第三十五条 水权交易各方拒不执行本办法相关规定或弄虚作假的，按照《内蒙古自治区人民政府办公厅关于印发〈内蒙古自治区社会法人失信惩戒办法〉（试行）的通知》（内政办发〔2014〕42号）予以惩戒。

第三十六条 相关主管部门的工作人员玩忽职守、滥用职权、徇私舞弊的，由其所在单位或者上级主管部门给予行政处分；构成犯罪的，由司法机关依法追究刑事责任。

第三十七条 水权交易平台应当依照有关法律法规完善交易规则，加强内部管理。水权交易平台违法违规运营的，依据有关法律法规和交易场所管理办法处罚。

第六章　附　　则

第三十八条 本办法自2017年4月1日起施行。

二十一、内蒙古黄河干流水权盟市间转让试点项目资金管理办法

内蒙古黄河干流水权盟市间转让
试点项目资金管理办法

为保障内蒙古自治区盟市间黄河干流水权转让试点工程的顺利实施，规范水权交易行为，加强水权转让试点项目资金的管理，根据《内蒙古自治区人民

政府关于批转自治区盟市间水权转让试点实施意见（试行）的通知》（内政发〔2014〕9号）、《水利部、内蒙古自治区人民政府关于内蒙古自治区水权试点方案的批复》（水资源〔2014〕439号）和《内蒙古自治区水利厅关于内蒙古自治区水权收储转让中心有限公司的批复》（内水办〔2013〕60号）、《内蒙古自治区财政厅、水利厅关于印发内蒙古自治区水利建设基本管理办法的通知》（内财农〔2014〕1488号）的要求，结合水权转让试点项目的工作实际，特制定本办法。

第一章　总　　则

第一条　本办法适用于水权试点项目资金的财务收支活动。

第二条　内蒙古自治区水权收储转让中心有限公司（以下简称“水权中心”）在自治区盟市间水权转让工作领导小组的指导下负责水权试点项目前期工作、资金筹措和监督管理。

第三条　巴彦淖尔市黄河水权收储转让工程建设管理处（隶属于内蒙古河套灌区管理总局，以下简称“工程建设管理处”）作为水权出让方，是水权试点项目的实施主体，受水权中心委托，履行项目业主相关职责，负责水权试点项目工程的建设、结算、成本核算等工作。

第四条　水权中心、工程建设管理处要按照有关要求，建立水权试点项目资金专门账户，依法依规、规范管理。

第五条　水权中心要做好水权试点项目资金的管理和拨付工作。

第二章　资　金　来　源

第六条　资金来源为水权受让企业向水权中心缴纳的水权转让资金。

第七条　由于受让方或财政拨款等原因，而需要临时性资金周转的，由水权中心提出申请，经自治区盟市间水权转让工作领导小组同意后，由水权中心负责筹措所需资金。由此所产生的财务费用计入工程成本。水权中心凭借款合同、付款凭据等相关资料，在对应的水权建设项目中列支。

第八条　水权临时性周转金和水权中心收到财政拨付的水权项目资金到位后，经自治区盟市间水权转让工作领导小组同意，可优先偿还水权中心先期筹措的水权临时性周转金。

第三章　资　金　使　用

第九条　水权交易资金专项用于灌区节水改造工程建设和更新改造费用等支出。

第十条　《水权交易管理办法》出台前，水权中心提取一定数额的交易服务费，《水权交易管理办法》出台后，水权中心按照该办法提取一定数额的

佣金。

第四章 资 金 流 程

第十一条 工程建设管理处按照自治区盟市间水权转让工作领导小组的统一部署，根据批准的水权试点项目工程投资及年度计划安排，提出年度工程建设用款计划。

第十二条 水权中心依据工程建设管理处提出的年度工程用款计划，于每年度末编制下一年度水权项目资金预算，报自治区水利厅计财处，由计财处报自治区财政部门备案。

第十三条 水权交易由水权出让方、受让方与水权中心三方共同签订水权转让合同。

第十四条 水权受让企业按合同向水权中心缴纳水权转让费用，水权中心根据三方所签订的水权转让合同，负责水权项目资金的收缴工作。

第十五条 水权中心收到水权受让方水权项目资金后，及时通过水利厅上缴自治区财政。同时水利厅计财处协调财政部门，为水权中心办理政府财政部门统一监制的非税收入票据。

（一）水权中心收到水权受让方的水权项目资金后，通过自治区水利厅计财处及时上缴自治区财政。

（二）自治区水利厅计财处协调自治区财政及时做好水权项目资金的财政入库和拨付工作，水权中心积极配合。

（三）水权中心收到自治区财政拨付的水权项目资金后，根据年度资金使用计划和水权试点项目工程建设结算依据，履行相关程序，向工程建设管理处拨付水权试点项目工程建设资金。

第五章 监 督 检 查

第十六条 工程建设管理处依法依规做好水权试点项目工程建设的财务管理工作。

第十七条 水权中心要依据工程建设管理处与施工、监理、材料供应、设计等单位所签订的合同及报送的资料进行工程结算和财务监督管理。

第六章 附 则

第十八条 本办法适用于黄河水权收储转让试点项目。本办法由水权中心负责解释。执行过程中如遇政策调整，可及时修改补充完善。

此办法自 2016 年 1 月 7 日起施行，原水权中心组建方案中的资金管理办法同时作废。

二十二、内蒙古黄河干流水权盟市间转让试点项目建设管理办法

内蒙古黄河干流水权盟市间转让试点项目建设管理办法

（2016 年 1 月 7 日）

为规范内蒙古黄河干流水权盟市间转让试点项目（以下简称“试点项目”）的建设管理，提高建设管理水平，确保工程质量、安全、进度和投资控制，依据《关于贯彻落实〈国务院批转国家计委、财政部、水利部、建设部关于加强公益性水利工程建设管理若干意见的通知〉的实施意见》（水建管〔2001〕74 号）、《内蒙古自治区人民政府关于批转自治区盟市间黄河干流水权转让试点实施意见（试行）的通知》（内政发〔2014〕9 号）、《水利部、内蒙古自治区人民政府关于内蒙古自治区水权试点方案的批复》（水资源〔2014〕439 号），结合黄河水权收储转让工程建设管理的工作实际情况，制定本办法。

一、机构设置及职能

（一）试点项目主管部门

自治区水利厅盟市间水权转让工作领导小组主管试点项目建设与管理工作，领导小组办公室设在自治区水利厅水资源处，负责盟市间水权转让工作领导小组日常工作。

（二）试点项目管理单位

内蒙古水务投资（集团）有限公司是试点项目建设与管理主体，负责组建试点项目法人机构。

（三）试点项目法人单位

内蒙古自治区水权收储转让中心有限公司（以下简称“水权中心”）为内蒙古水务投资（集团）有限公司成立的试点项目的法人机构，承担试点项目建设与管理主体责任，在自治区水利厅有关部门的指导下负责项目前期工作、资金筹措、交易协调和监督管理，对自治区水利厅盟市间水权转让工作领导小组负责。

（四）试点项目建设管理机构

内蒙古河套灌区管理总局组建的巴彦淖尔市黄河水权收储转让工程建设管理处（以下简称“工程建设管理处”），受试点项目法人委托承担试点项目建设与管理主体责任，并对试点项目法人负责。

二、项目管理模式

试点项目采用授权委托的管理模式，由试点项目法人单位水权中心委托工程建设管理处承担项目业主的相关责任，负责试点项目建设与管理实施工作。

三、主要工作职责

（一）试点项目主管部门职责

1. 组织编制试点项目总体规划。

2. 组织初审或审批报批试点项目的水资源论证及可行性研究报告。

3. 负责监督检查试点项目节水改造工程的实施及协调工作。

4. 组织试点项目的竣工验收。

5. 承担自治区水利厅盟市间水权转让工作领导小组日常工作。

（二）试点项目管理单位职责

内蒙古水务投资（集团）有限公司负责组建试点项目法人。

（三）试点项目法人职责

水权中心承担试点项目建设与管理主体责任，对项目建设的质量、投资、进度和安全生产负监督责任，其主要职责如下：

1. 负责项目前期工作，组织试点项目初步设计文件的编制、审核、申报等工作。

2. 对试点项目工程的招投标工作全面监督管理，试点项目工程招投标工作在自治区公共资源交易平台进行。

3. 授权工程建设管理处按照基本建设程序和批准的建设规模、内容、标准做好试点项目工程建设。

4. 落实年度工程建设资金，严格按照概算控制试点项目工程投资，用好、管好试点项目建设资金。

5. 监督检查工程建设管理处试点项目工程的建设管理情况，包括工程质量、投资、进度、安全生产、环境保护、档案管理和工程建设责任制等工作。

6. 对工程建设管理处签批的试点项目价款结算手续进行备案。

7. 按规定程序上报工程建设管理处组织编报的试点项目重大设计变更及动用基本预备费的报告。

8. 按照验收规程组织试点项目竣工验收有关准备工作，提请试点项目竣工验收。

9. 负责聘请律师事务所，为试点项目提供法律咨询服务。

10. 接受并积极配合有关部门对试点项目工程建设的监督检查工作。

11. 完成自治区盟市间水权转让工作领导小组办公室交办的其它工作。

（四）试点项目建设管理机构职责

工程建设管理处作为试点项目法人的受托人，履行试点项目业主的相关职责，负责组织开展试点项目工程的建设实施，对试点项目建设的工程质量、投资、进度、安全生产和环境保护负直接责任，主要职责如下：

1. 负责与地方人民政府及有关部门协调解决好试点项目工程建设外部条

件，协调处理好工程建设中出现的社会矛盾。协助、配合地方人民政府做好试点项目征地等工作。

2. 配合设计单位做好试点项目初步设计，组织审核试点项目施工图设计等工作。

3. 协助水权中心编制、审核并上报试点项目年度建设计划。负责按批准后的年度建设计划组织实施试点项目工程建设，负责编制试点项目年度资金使用计划。

4. 负责组织试点项目工程的施工、设备（材料）、监理招标采购工作，并签订有关合同。

5. 负责组织制定和上报试点项目工程质量、安全生产措施方案，并做好工程建设相应措施和预案的落实工作。负责办理试点项目工程质量、安全生产监督及工程报建等有关手续。

6. 严格遵守基本建设程序，加强试点项目施工现场管理。及时组织研究和处理工程建设过程中出现的技术、经济和管理问题。

7. 负责及时办理完备的试点项目工程价款结算签证手续。

8. 负责试点项目建设范围内的环境保护等工作。

9. 负责编制试点项目工程建设各种统计报表，收集有关信息，并及时向有关部门报送。

10. 制定试点项目工程验收计划，做好工程建设各阶段的工程验收和竣工验收准备工作。

11. 负责试点项目工程建设所有应归档资料的收集、整理和档案管理，为试点工程核验做好准备工作。

12. 负责向工程运行管理单位做好试点项目工程移交工作。

13. 积极配合做好上级部门及相关单位的监督、检查。

14. 协调配合做好试点项目工程质量第三方检测工作。

15. 做好水权中心交办的其它工作。

四、项目管理

（一）前期工作与年度计划管理

1. 前期工作管理

（1）水权中心组织人员配合有关部门做好试点项目规划、可行性研究阶段工作。

（2）水权中心负责试点项目初步设计有关工作，工程建设管理处配合设计单位开展有关工作。

2. 年度计划管理

（1）工程建设管理处根据试点项目总体进度安排，组织编制年度工程建设计划并及时上报。

（2）年度工程建设计划的调整由工程建设管理处组织编制，水权中心上报上级主管部门批准后执行。

（二）招标管理

1. 工程建设管理处拟定包括招标范围、标段划分、履约保函（金）、招标人控制价等内容的试点项目招标文件，水权中心向项目主管部门报送备案。

2. 试点项目工程招投标工作全部在自治区公共资源交易平台进行公开。招标投标活动遵守公共资源交易平台的有关规定，并在水行政主管部门的全程监督下进行。

3. 工程建设管理处负责整理提交试点项目招投标情况的书面总结报告，按照规定的时间和要求，由水权中心向水行政监督部门报送。

（三）财务管理

水权中心、工程建设管理处要按照有关要求，建立水权试点项目专门账户，专款专用；水权中心要做好试点项目资金的监督管理，不得滞留挪用；按照年度资金使用计划及工程实施进度安排，规范拨付使用资金。

1. 水权中心、工程建设管理处需分别制定试点项目资金管理办法，并认真做好试点项目工程建设资金管理工作。

2. 按照《内蒙古自治区水权交易管理办法》，水权中心可提取一定数额的佣金，用于水权中心试点项目建设管理支出。

3. 工程建设管理处受水权中心的委托，做好试点项目工程的结算和财务审计工作。

（四）合同管理

1. 合同的订立

（1）试点项目前期阶段的相关合同，由水权中心负责签订。

（2）涉及试点工程建设管理方面的工作，按照属地管理的原则，水权中心要与工程建设管理处签订试点项目工程建设授权委托合同。

（3）试点项目工程建设阶段的所有合同全部由工程建设管理处负责签订。

2. 合同的管理

（1）水权中心签订的合同，由水权中心进行管理。

（2）工程建设管理处受托签署的合同，由工程建设管理处进行管理，合同正本留存工程建设管理处，副本报水权中心备存。

（3）水权中心有权对工程建设管理处签署的合同执行情况进行监督检查。

（五）工程管理

1. 监理管理

按照水利部《水利工程建设监理规定》等有关制度，对试点项目依法实行建设监理，监理单位与试点项目相关单位不得有隶属关系或者其他利害关系。

2. 施工现场管理

工程建设管理处需实行押证管理。建立中标单位项目经理到位履约承诺制度和主要管理人员考勤制度，严厉查处施工人员空挂、长期不到岗及擅自变更施工管理人员等行为，一经发现，记入水利信用信息平台不良记录。施工现场管理人员确需变更的，须经工程建设管理处同意确认，并提交相关证明报水权中心备案。

3. 设计变更管理

工程实施过程中出现设计变更，按照水利部《水利工程设计变更管理暂行办法》（水规计〔2012〕93号）执行。规范设计变更审批程序，严格控制设计变更特别是重大设计变更。按审批权限及时履行报批手续，严禁随意变更。

（六）质量管理

1. 水权中心、工程建设管理处、勘察、设计、施工、监理及质量检测等单位应严格按照《建设工程质量管理条例》和《水利工程质量管理规定》，建立健全质量管理体系，对工程质量承担相应责任。

2. 水利工程建设质量监督单位为自治区水利工程建设质量与安全监督中心站，工程建设管理处负责办理质量监督手续。

3. 工程建设实行第三方检测制度，由工程建设管理处指定符合条件的工程质量检测单位进行质量检测工作，工程质量检测单位同时对水权中心负责。

（七）安全管理

水权中心、工程建设管理处、勘察、设计、施工、监理等单位应遵守《中华人民共和国安全生产法》、《建设工程安全生产管理条例》及《水利工程建设安全生产管理规定》，依法承担工程建设安全生产责任。

五、工程建设审计

水权中心委托工程建设管理处按照相关规定邀请审计部门或聘请符合要求的中介机构做好试点项目工程建设审计工作。

六、工程验收和移交

试点项目验收工作应按照《水利工程建设项目验收管理规定》（水利部30号令）、《水利水电建设工程验收规程》（SL 223—2008）和《水利基本建设项目竣工财务决算编制规程》（SL 19—2014）的等有关规定和技术标准进行。工程建设管理处要按照工程建设进度，制订验收计划，严格验收程序，及时进行项目法人验收工作，做好项目基础资料的收集和整编及竣工验收准备工作。水权中心参与各阶段的项目法人验收工作。工程未经验收或验收不合格的，不得交付使用或者进行后续工程施工。合同工程完工并经验收后，由施工单位向工程建设管理处移交。工程竣工验收后，由工程建设管理处向工程运行管理单位移交，并及时办理工程移交有关手续。

七、本办法由水权中心负责解释；本办法自2016年1月7日起执行。